Ioana Stanciu

Reologia do açúcar

Ioana Stanciu

Reologia do açúcar

ScienciaScripts

Imprint

Any brand names and product names mentioned in this book are subject to trademark, brand or patent protection and are trademarks or registered trademarks of their respective holders. The use of brand names, product names, common names, trade names, product descriptions etc. even without a particular marking in this work is in no way to be construed to mean that such names may be regarded as unrestricted in respect of trademark and brand protection legislation and could thus be used by anyone.

Cover image: www.ingimage.com

This book is a translation from the original published under ISBN 978-620-7-48857-5.

Publisher:
Sciencia Scripts
is a trademark of
Dodo Books Indian Ocean Ltd. and OmniScriptum S.R.L publishing group

120 High Road, East Finchley, London, N2 9ED, United Kingdom
Str. Armeneasca 28/1, office 1, Chisinau MD-2012, Republic of Moldova, Europe
Printed at: see last page
ISBN: 978-620-7-61010-5

Conteúdo

I. Tecnologia de fabrico de açúcar

O açúcar é um dos alimentos mais importantes, sendo um produto totalmente assimilável pelo organismo humano, caracterizado também por um elevado valor calórico. O processo tecnológico de fabrico do açúcar é um processo complexo, constituído por várias operações físicas, físico-químicas e químicas, após as quais são asseguradas as condições técnicas mais favoráveis para a extração e cristalização da maior parte possível do açúcar contido na beterraba sacarina e na cana-de-açúcar transformada.

No caso da beterraba sacarina, as principais etapas do processo tecnológico são: preparação da beterraba para a extração do açúcar, extração do açúcar e obtenção do sumo de difusão, purificação do sumo de difusão e concentração até à obtenção do sumo espesso, ebulição, cristalização e refinação, acondicionamento e armazenamento do açúcar.

Nas condições do nosso país, a matéria-prima utilizada no fabrico de açúcar são as raízes da beterraba sacarina desde o primeiro ano de vegetação, respetivamente açúcar de cana em bruto. Os compostos químicos da beterraba sacarina têm valores que oscilam dentro de amplos limites, dependendo da variedade, do grau de maturação, das condições pedoclimáticas, da duração do armazenamento em silos, etc. Em geral, a composição da beterraba é a seguinte: 75% de água e 25% de matéria seca, dos quais 17,5% de açúcar e 7,5% de não-açúcar. As substâncias não açucaradas são constituídas pela polpa (5%) e as substâncias não açucaradas do sumo (2,5%), incluindo estas últimas substâncias orgânicas e inorgânicas. Os principais componentes da beterraba sacarina são apresentados no quadro 1.1.

Quadro 1.1. Principais componentes da beterraba sacarina

Componente	Para 100 g de beterraba (%)	Para 100 g U.S. (%)
Substância seca	23.6	-
Sacarose	16.5	69.91
Proteína bruta	1.05	4.45

Substâncias gordas	0.12	0.51
Extrato isento de azoto (sem sacarose)	2.92	12.37
	0.75	3.18
Cinzas	1.16	4.91
Celulose		

A sacarose, principal componente da beterraba e produto da indústria açucareira, é um corpo

Sólido que funde a 186-188^0 C, dissolve-se facilmente em água, aumentando a solubilidade com a temperatura. Como estrutura, a sacarose é um dissacárido, composto por dois monossacáridos: d-glicose e d-frutose, ligados pelos seus grupos glicosídicos.

Como matéria-prima, a beterraba sacarina deve ser colhida na maturidade tecnológica (quando acumula o máximo de açúcar), o corte deve ser feito corretamente, as raízes devem estar sãs, sem danos ou quebras, e quando é processada muito tempo depois da colheita, deve ser devidamente ensilada.

I.1. Extração do açúcar da beterraba, obtenção do solo de difusão e esgotamento do borhot

A extração do açúcar da beterraba é feita por difusão, sendo as principais operações através das quais se obtém o sumo de difusão apresentadas na figura 1.1.

A beterraba, descarregada do meio de transporte, é geralmente introduzida no ciclo de fabrico por transporte hidráulico, sendo a quantidade de água necessária de 600 a 1000% em relação à massa de beterraba.

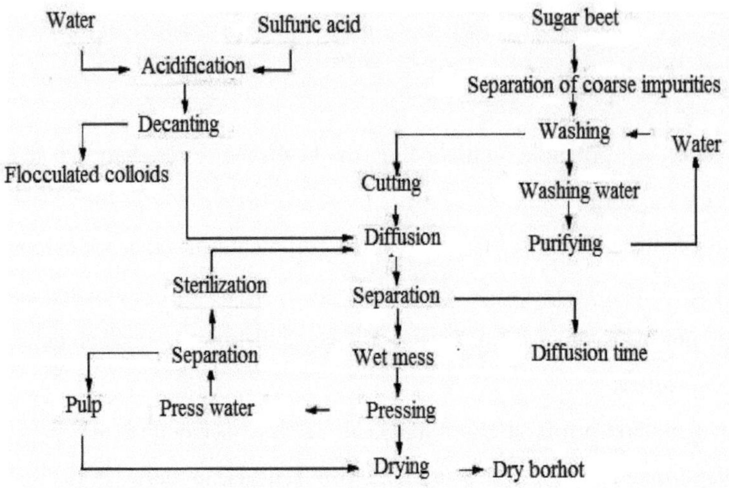

Fig. 1.1. Esquema tecnológico para a obtenção do solo de difusão

Separação das impurezas grosseiras. Nos canais de transporte da beterraba, existem armadilhas de pedras e torrões de terra, que impedem o seu acesso às máquinas de corte. Para limpar a palha, as folhas ou as ervas daninhas, são montados ancinhos suspensos no canal de recolha, cujas pontas penetram abaixo da superfície da água.

Lavagem das beterrabas. Se uma parte das impurezas com que a beterraba entra no processo de fabrico tiver sido separada nos canais de transporte, o objetivo é remover a terra, a areia e outras impurezas aderentes à sua superfície através da lavagem. Para tal, utilizam-se máquinas de lavagem horizontais ou com bicos, onde a lavagem é efectuada com água em contracorrente. Após a lavagem, a água deve ser separada da beterraba para que não vá parar na massa e depois no processo de difusão. Normalmente as beterrabas são passadas em grelhas de drenagem, e as águas de transporte e de lavagem são encaminhadas para as estações de depuração (decantação e desinfeção), após o que são reintroduzidas no transporte e lavagem das beterrabas.

Para remover as impurezas ferrosas que passaram pelos apanhadores de pedras e que podem danificar as facas das máquinas de corte, a beterraba é passada por um transportador separador equipado com um eletroíman.

Corte das beterrabas. Dado que a difusão do açúcar dissolvido no suco celular depende da superfície de contacto entre a beterraba e a água, a beterraba é cortada sob a forma de finas massas em V. Devido a uma relativa elasticidade e resistência à compressão, a massa fina não se deposita nas instalações de difusão, permitindo que a água de difusão passe entre elas, sendo a difusão do açúcar rápida e completa.

Difusão. O açúcar é dissolvido na seiva celular, no vacúolo, no centro da célula. Este está isolado da membrana permeável (parede celular) por um protoplasma, delimitado por uma película semipermeável que impede a passagem do açúcar através da membrana para o meio ambiente. A película semipermeável pode ser destruída através do aquecimento da célula a uma temperatura superior a 70^0 C, caso em que o suco celular passa para a água de difusão.

O fenómeno foi designado por plasmólise, tendo um papel determinante no processo de extração. A temperatura a que se efectua a plasmólise depende da qualidade da matéria-prima e é de 70-82^0 C para as beterrabas de qualidade normal, baixando para 65^0 C para as beterrabas parcialmente congeladas. Quando a beterraba está completamente congelada, as células são destruídas e o suco celular pode sair dos vacúolos e sem plasmólise, sendo o aquecimento necessário apenas para acelerar a difusão do açúcar da massa para o suco de difusão.

A extração do açúcar da beterraba é um processo complexo definido pela velocidade de extração:

$$\Phi = -\frac{dZ}{Adt} = -\frac{1}{\sigma}\frac{dg}{dt} \tag{1.1}$$

$$\Phi' = -\frac{dZ}{Adt} = -\frac{1}{\sigma}\frac{dg'}{dt} \tag{1.2}$$

em que Φ e Φ' são os fluxos de açúcar e não-açúcar por unidade de tempo;

Z e NZ - quantidades de açúcar, respetivamente não-açúcar, em kg;

A - superfície de contacto sólido-líquido, em m^2 ;

g, g' - concentração de açúcar e não-açúcar na beterraba, em %;

σ - a superfície de contacto por unidade de massa de beterraba, em m^2/kg.

O processo de extração do açúcar de beterraba é realizado em duas fases: migração do açúcar de beterraba para a interface sólido-líquido e transferência de massa da interface sólido-líquido para a massa da solução.

A segunda fase é determinada pela natureza do fluxo do líquido de extração e pela diferença de concentração. Por conseguinte, o princípio construtivo e funcional dos difusores de extração assegura a manutenção de uma diferença de concentração sólido-líquido e a renovação repetida do líquido de extração na interface de contacto.

Assim, a extração do açúcar é feita por difusão, osmose e diálise, após a desnaturação térmica das células do tecido da beterraba. No processo de extração, o objetivo é esgotar a massa da beterraba, pelo que esta é aquecida rapidamente para desnaturar as células, após o que se inicia a difusão propriamente dita.

O processo de difusão é descrito pela lei de Fick:

$$\frac{dq_c}{dt} = DF\frac{dc}{ds} \tag{1.3}$$

ou:

$$q_c = DF\frac{c_k - c_s}{s} \tag{1.4}$$

em que $\frac{dq_c}{dt}$ é a taxa de difusão do açúcar;

q_c- a quantidade de açúcar difundido;

D- o coeficiente de difusão do açúcar;

c_k- o teor de açúcar da massa;

c_s- o teor de açúcar do líquido que envolve os noodles;

s- o percurso mínimo de difusão do açúcar (considerado ¼ da espessura da massa);

F- a superfície da massa.

A relação foi estabelecida para o coeficiente de difusão:

$$D = KT/\eta \tag{1.5}$$

em que K é o coeficiente que depende da natureza do solvente;

T- temperatura absoluta;

η- viscosidade do solvente à temperatura T.

Os factores que influenciam o processo de difusão. O funcionamento normal de uma instalação de difusão, com a implementação correcta do processo de difusão, é influenciado por um grande número de factores.

A qualidade da matéria-prima. As instalações são concebidas para a transformação de uma matéria-prima que satisfaça determinados critérios de qualidade. Se for processada uma beterraba qualitativamente inadequada, os parâmetros óptimos de difusão são distorcidos, o que provoca perdas significativas de açúcar no mosto, baixa pureza da terra de difusão e rendimentos inferiores durante o processamento.

A temperatura de difusão tem um papel decisivo, uma vez que favorece a plasmólise das células. Ao mesmo tempo, a difusão é favorecida pela diminuição da viscosidade do solo, e a temperaturas de 70-74^0 C, alguns microrganismos que poderiam consumir açúcar através da fermentação são destruídos.

Em algumas instalações, a massa é escaldada com sumo quente a 85-90^0 C e, assim, a ação de esterilização é muito mais pronunciada, podendo o tratamento ser aplicado apenas àquelas que provêm de uma beterraba de qualidade. Quando se processam beterrabas parcial ou totalmente congeladas, sendo a temperatura de difusão baixa, serão utilizados desinfectantes para inibir a ação dos microrganismos.

Se a temperatura óptima de difusão for ultrapassada (fig. 1.2), verifica-se, por um lado, a passagem maciça de substâncias pécticas para o suco de difusão (fig. 1.3), com efeitos negativos sobre o processo tecnológico, e, por outro lado, o amolecimento e a polpação da massa, com uma diminuição da eficácia da difusão.

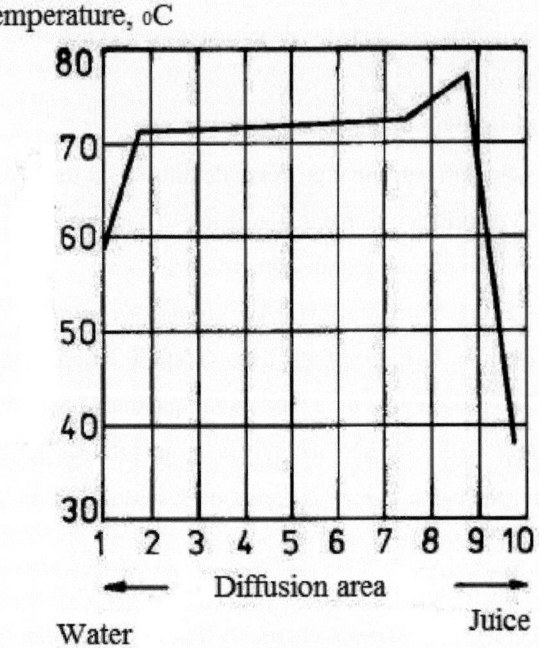

Fig. 1.2. Diagrama de temperatura para uma instalação de difusão com funcionamento contínuo

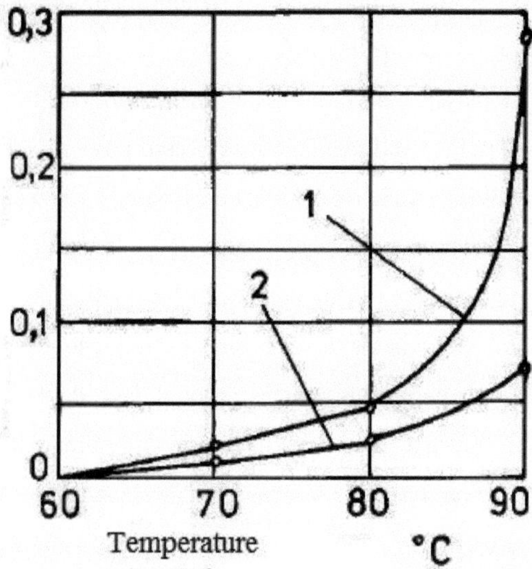

Fig. 1.3. Variação do teor de substâncias pécticas no sumo de difusão com a temperatura: 1-120 min; 2-60 min.

O volume representa a quantidade de sumo de difusão que é extraído da instalação de difusão. Tem valores entre 105-135% e é expresso em kg, em relação à massa de beterraba introduzida durante a extração. As perdas de açúcar na beterraba são influenciadas pela peneiração, pelo que, se uma instalação funcionar com parâmetros constantes, ao aumentar a quantidade peneirada, as perdas de açúcar diminuem e vice-versa, ultrapassando o limite de 130%, no entanto, provoca uma deterioração da qualidade do solo de difusão.

A velocidade da terra na instalação de difusão é um componente básico da hidrodinâmica da difusão e deve ser escolhida de forma a que o processo decorra em condições óptimas.

A qualidade da massa de beterraba. Quanto mais finas e compridas forem, maior será a superfície de difusão e o processo desenrola-se de forma mais rápida e completa. Na prática, a qualidade da massa é expressa pelo número Silin (representa o comprimento de 100 g de massa da qual foram retirados os que têm um comprimento inferior a 1 cm e as placas) ou pelo número Sueco (representa a relação entre a massa da massa que excede o comprimento de 5 cm e a massa da que tem menos de 1 cm de comprimento).

A qualidade da massa determina a permeabilidade da terra de difusão na massa de massa e, deste ponto de vista, a massa cujo número sueco se situa entre 15-30 tem a permeabilidade mais elevada, sendo o valor ótimo cerca de 20.

O grau de carga da instalação de macarrão. A carga específica é uma caraterística muito importante, influenciando a hidrodinâmica do processo de difusão, e a sua não observância leva a uma diminuição da produtividade da instalação e a um agravamento dos índices de qualidade da extração. Uma carga específica inferior à óptima provoca trajectórias preferenciais da terra, uma difusão não homogénea na massa de massa e perdas elevadas de açúcar. Exceder o valor ótimo leva a uma diminuição da permeabilidade da massa, diminui a velocidade de difusão e o próprio processo é afetado. E nesta situação, as perdas de açúcar na massa aumentam.

O tempo de difusão para uma extração normal é de 60-100 minutos, dependendo do tipo de instalação, da capacidade de processamento, da qualidade da matéria-prima e da temperatura de difusão.

O aumento da temperatura e da duração da difusão acima dos valores normais provoca a desregulação de todo o processo de fabrico, pela passagem de grandes quantidades de não-açúcares para o sumo de difusão. A qualidade da água de difusão influencia consideravelmente o processo de extração, sendo os seus principais indicadores o poder tampão, o pH e a carga bacteriológica. Através do tamponamento, a água de difusão neutraliza o efeito alcalinizante da polpa gasta, determinando a evolução do pH da mistura polpa-água e, por conseguinte, a qualidade do teor em substâncias coloidais.

A água de difusão deve ter um pH de 5,8-6,2, uma água alcalina favorece a solubilização das substâncias pécticas e a sua passagem para o suco de difusão, e uma água ácida apresenta o perigo de fenómenos de corrosão.

Uma vez que, por razões económicas, a água condensada é utilizada para a difusão, bem como a água proveniente da prensagem do boro, estas são submetidas a tratamentos que as colocam nos parâmetros necessários.

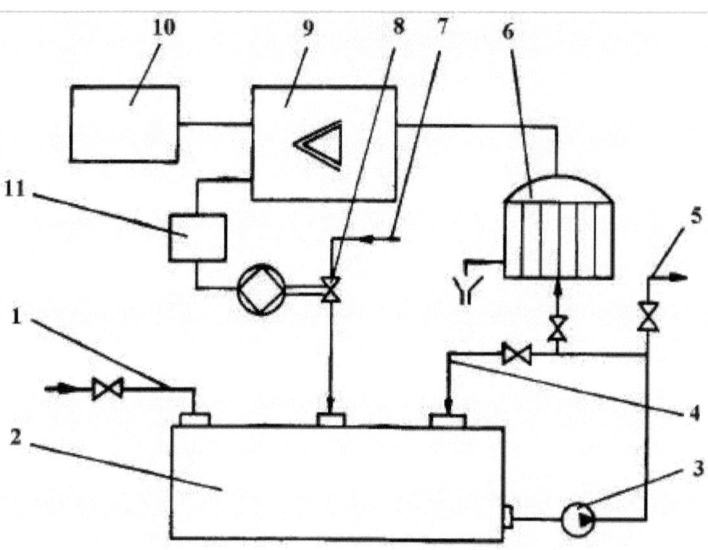

Fig. 1.4. Instalação de acidificação da água de difusão com regulação automática: 1-canal de alimentação; 2-tanque de reação; 3-bomba; 4-canal de agitação; 5-canal de escape; 6-cadeia de eléctrodos; 7-canal de ácido; 8-válvula regulável; 9-tradutor; 10-dispositivo de registo; 11-regulador

Assim, as águas de condensação, devido à sua elevada alcalinidade (pH 8,7-9,5), são tratadas com ácido sulfúrico ou dióxido de enxofre (fig. 1.4.), e as águas de prensagem são separadas da polpa e das suspensões coloidais, sendo esterilizadas termicamente, após o que o pH pode ser corrigido por neutralização ou acidificação.

A ação dos microrganismos no processo de difusão manifesta-se pelo aparecimento de perdas indeterminadas de açúcar. Os microrganismos que chegam às instalações de difusão provêm das beterrabas infectadas, das águas de transporte, das águas de lavagem, das águas de prensagem, dos restos de massa deixados nos tubos de transporte e do contacto com o ar atmosférico.

Para evitar perdas de açúcar e o desenvolvimento de microrganismos no sumo de difusão, todos os componentes que entram no processo de difusão devem ser bem desinfectados e a temperatura mínima de 70^0 C deve ser atingida rapidamente e mantida durante todo o processo de difusão.

A técnica de extração de açúcar por difusão utiliza instalações com funcionamento contínuo, nas quais a água de difusão e a massa circulam em contracorrente, determinando a melhor extração possível de açúcar.

As instalações de difusão mais utilizadas nas fábricas de açúcar do nosso país são: a instalação de difusão contínua com coluna BMA (fig. 1.5), a instalação de difusão contínua com tambor horizontal RT II (fig. 1.6) e a instalação de difusão contínua DDS (fig. .1.7).

Na instalação BMA, a massa da máquina de corte é pré-aquecida, com o sumo da torre, no pré-aquecedor onde a temperatura da mistura atinge os 45°C. O sumo separa-se da massa e, depois de reter a areia e a polpa, é introduzido no fabrico. A massa é passada para a cuba de escaldagem onde o sumo recirculado é bombeado e aquecido a 85-90 0C, onde também ocorre a plasmólise.

O sumo com a massa sai do escaldador a uma temperatura de $70\text{-}80^0$ C e é bombeado para a torre de difusão. Através de um sistema de pás helicoidais, a massa é transportada verticalmente para cima, circulando no sentido oposto a água de difusão (fresca e da prensa), sendo na parte superior recolhida e distribuída por dois parafusos para a prensa borhot.

A água fresca e a água de prensagem são adicionadas na quantidade e à temperatura que assegura na torre de difusão $70\text{-}75^0$ C.

A instalação de tambor horizontal RT II caracteriza-se pelo facto de, devido à sua construção, o tempo de permanência da terra de difusão no dispositivo ser reduzido, pela existência de uma dupla espiral no interior do dispositivo de difusão.

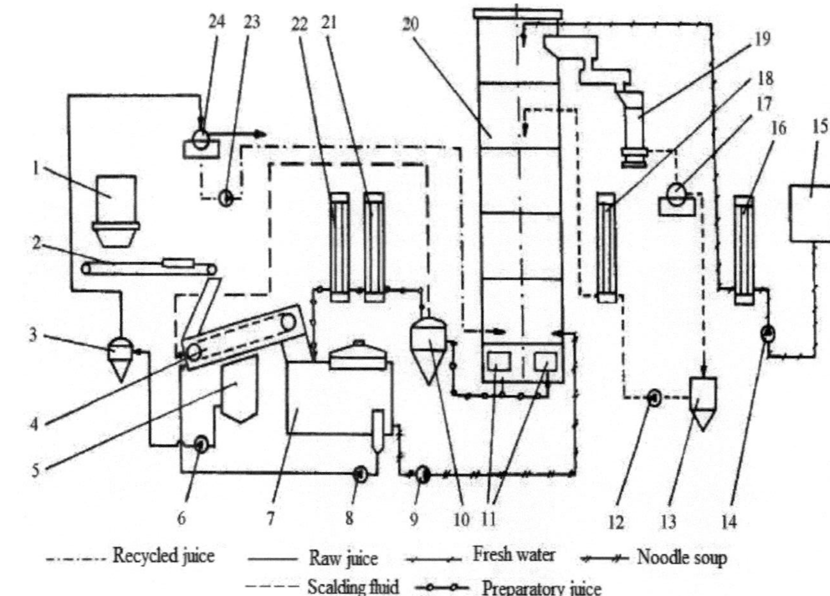

Fig. 1.5. Esquema da instalação de difusão da BMA: 1-máquina de corte; 2-correia transportadora com balança; 3.10-armadilhas de areia; 4-precaução; 5-pote para sumo coado; 6,8,9,12,14,23-bombas; 7-escaldagem; 11- tomadas para sumo; 13-tanque de água de pressão; 15-tanque de água fresca; 16,18,21,22-pré-aquecedores; 17,24-garras de polpa; 19-prensa; 20-torre de difusão.

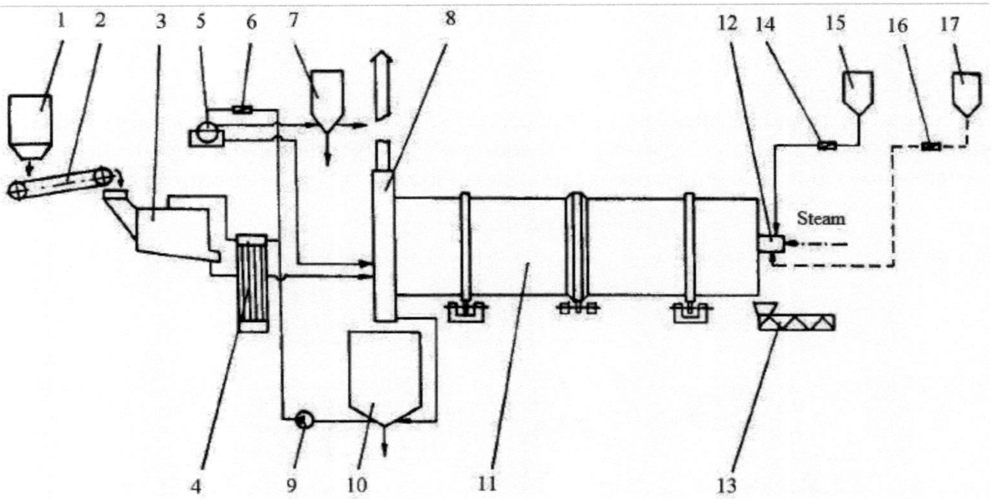

Fig. 1.6. Esquema da instalação de difusão RT II: 1-máquina de corte; 2-correia transportadora com balança; 3-escaldagem; 4-pré-aquecedor; 5-catador de polpa; 6,14,16-válvulas doseadoras automáticas; 7-tanque de água de pressão; 8-cabeça de abastecimento; 9-bomba; 10-cuba de recirculação; 11-tambor; 12-cabeça de abastecimento de água; 13-transportador para borhot; 15,17-tanques de água.

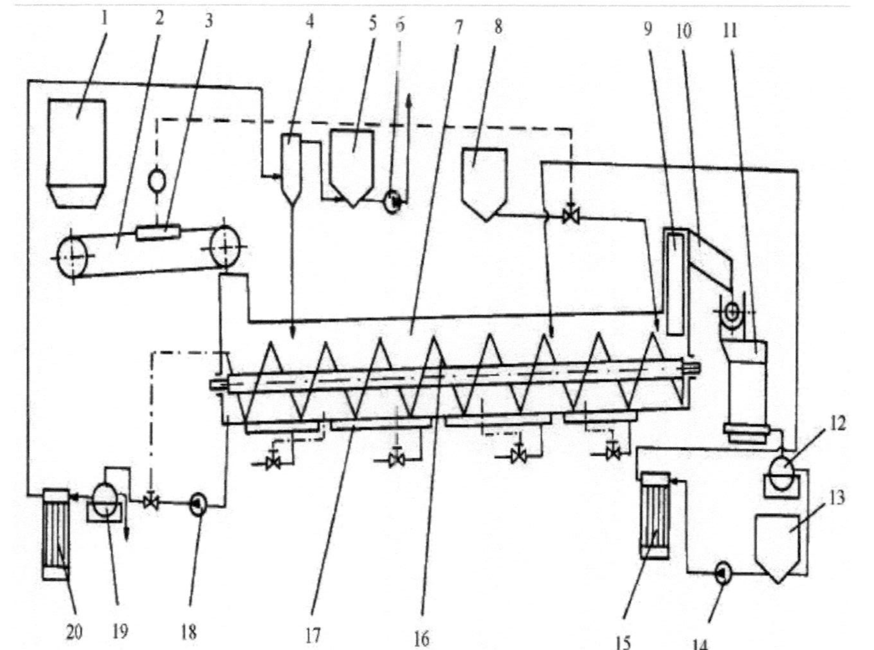

Fig. 1.7. Esquema da instalação de difusão DDS: 1-máquina de corte; 2-correia transportadora; 3-escala; 4-separador de polpa; 5-tina com sumo bruto; 6,14,18-bombas; 7-cama do aparelho; 8-tanque de água; 9-roda de elevação; 10-calha; 11-borboto de prensagem; 12,19-agarra de polpa; 13-tanque de água sob pressão; 15,20-pré-aquecedores; 16-transportador helicoidal; 17-manta de aquecimento.

A massa da máquina de corte é pesada e transportada para o escaldador, onde é escaldada com

O sumo é recirculado e aquecido a 85^0 C. Após o fim da plasmólise, a mistura de sumo e massa é levada para a cabeça de alimentação onde o sumo é separado e passado para o recipiente de recirculação, sendo a massa introduzida no tambor. A água de difusão é introduzida através da cabeça de alimentação, tendo uma circulação inversa para a massa, sendo a sua temperatura de 75 0C. O borhot esgotado e drenado é levado por um transportador que o levará para a prensa de borhot.

O regime térmico da instalação é bem determinado, mas, para compensar as perdas de calor, é-lhe dada a possibilidade de introduzir vapor para regular a temperatura.

A instalação de difusão DDS possui um dispositivo de difusão constituído por um tanque bicilíndrico inclinado, equipado internamente com dois transportadores helicoidais e, externamente, com uma manta de aquecimento por sector. Assim, as massas de beterraba que chegam à boca de alimentação caem no sumo aquecido a 80^0 C, onde são escaldadas. Recolhidas pelos transportadores de paletes, são exauridas pela água que circula na corrente contrária e, com a ajuda da roda de elevação, as massas são descarregadas na calha de alimentação da prensa borhot.

Os produtos das instalações de difusão são o sumo de difusão e o caldo de massa, cuja composição é apresentada no quadro 1.2.

O fluido de difusão é um sistema polidisperso que contém suspensões finas, substâncias que formam soluções coloidais e substâncias que formam soluções verdadeiras. As suspensões finas são dadas pela quantidade de polpa presente no sumo e que depende das características mecânicas da massa de beterraba. O teor de polpa fina no sumo de difusão varia entre 0,2-0,6 g/l, ao qual é adicionado cerca de 1% de vestígios de terra deixados na beterraba após a lavagem.

Tabela 1.2. Composição da terra de difusão e do borhot, em % U.S.

Componentes	Sumo de difusão	Sopa de massa
Sacarose	15.0	0.2
Substâncias pécticas	-	2.6
insolúveis	0.1	-
Substâncias pécticas solúveis	1.2	0.6
Matérias azotadas, das quais:	0.7	0.5
- proteínas	0.5	0.1
- outras substâncias com azoto	0.8	0.1
Substâncias isentas de azoto	0.4	0.2
Cinzas		

As substâncias coloidais passam da beterraba para o suco de difusão em proporções que dependem da qualidade da matéria-prima e dos parâmetros do processo de difusão, sendo constituídas por proteínas e polissacáridos.

As proteínas do sumo ultrapassam 40% da quantidade existente na polpa, estando presentes sob a forma do complexo proteína-pectina (o componente proteico é um polipéptido composto por cistina, lisina, histrolina, arginina, ácido aspártico, serina, ácido glutâmico, alanina, tirosina, metionina, fenilalanina, leucina, etc.).

Os aminoácidos e a betanina são quase completamente extraídos da beterraba, e as pectinas, o araban, o galactan e o dextran encontram-se entre os polissacáridos do sumo de difusão. O teor de pectina da terra varia entre 0,08 e 0,3% S.U., sendo tanto mais elevado quanto mais curto for o tempo de difusão.

Entre as substâncias não nitrogenadas do sumo, encontram-se os ácidos orgânicos e os ácidos inorgânicos livres ou sob a forma de sais que, juntamente com os aminoácidos, imprimem a capacidade tampão, importante para a purificação e concentração do sumo de difusão.

O sumo de extração contém igualmente açúcares redutores como a triose, a arabiose, a xilose, a frutose, a glicose e a galactose, cujo teor depende da qualidade da beterraba, do grau de solubilização e de hidrólise dos componentes da polpa e do sumo.

As cinzas no sumo consistem em aniões fosfato, cloreto, sulfato, bem como catiões potássio, cálcio, sódio ou magnésio, atingindo 3-4% U.S. Parte das cinzas é retida por borhot nas paredes celulares ou em alguns tecidos, no sumo as cinzas estão presentes sob a forma de sais minerais ou ligadas a substâncias coloidais.

A cor cinzenta-castanha da terra de difusão é dada pela melanina em estado coloidal e que é removida no processo de purificação calco-carbónica.

O bórax representa o macarrão esgotado em açúcar e é constituído por uma polpa de beterraba formada por celulose, hemicelulose e substâncias pécticas, bem como por substâncias proteicas coaguladas, que fazem do bórax uma boa forragem para a criação de animais.

Uma vez que a borbulha contém uma pequena percentagem de matéria seca, na maioria dos casos é prensada e seca, sendo as águas de prensagem reintroduzidas no processo tecnológico.

I.2. Purificação e concentração da terra de difusão

O sumo resultante da extração do açúcar da beterraba contém, para além do açúcar, um grande número de substâncias com características físico-químicas diferentes, denominadas não-açúcares. A purificação visa removê-las o mais completamente possível, resultando num sumo rico em açúcar, de qualidade superior.

Como métodos de purificação da terra de difusão, são conhecidos os seguintes: purificação calco-carbónica, permuta iónica para desmineralização ou exclusão iónica, eletrodiálise e osmose inversa.

Devido aos custos muito mais baixos, a purificação por calco-carbono é a mais difundida na prática industrial.

A depuração calco-carbónica utiliza o óxido de cálcio e o dióxido de carbono que, adicionados à lama de difusão, contribuem para a precipitação e separação dos colóides, a decomposição das substâncias redutoras e a obtenção de uma lama termoestável, a separação das lamas da lama purificada e a descalcificação da lama de difusão, sendo o esquema principal do processo tecnológico apresentado na figura 1.8.

A pré-defecação ou precipitação dos colóides é conseguida através da adição de leite de cal ao sumo de difusão, com o objetivo de precipitar o não açúcar sob a forma de sais de cálcio insolúveis e de coagular as proteínas e as substâncias pécticas.

As reacções que ocorrem durante a pré-defecação são principalmente devidas aos iões Ca^{2+} e OH^-. Os iões de cálcio reagem com os aniões de alguns ácidos e dão origem a sais de cálcio insolúveis, precipitando através desta reação os ácidos oxálico, cítrico, oxicítrico e tartárico, o anião fosfórico e parcialmente o anião sulfúrico.

Ao mesmo tempo, na presença de iões de cálcio, ocorre a coagulação e precipitação de polímeros elevados, especialmente proteínas, saponinas e melaninas. Os iões OH- neutralizam os ácidos livres e, em reacções com sais de alumínio, ferro e magnésio, precipitam os metais sob a forma de hidróxidos.

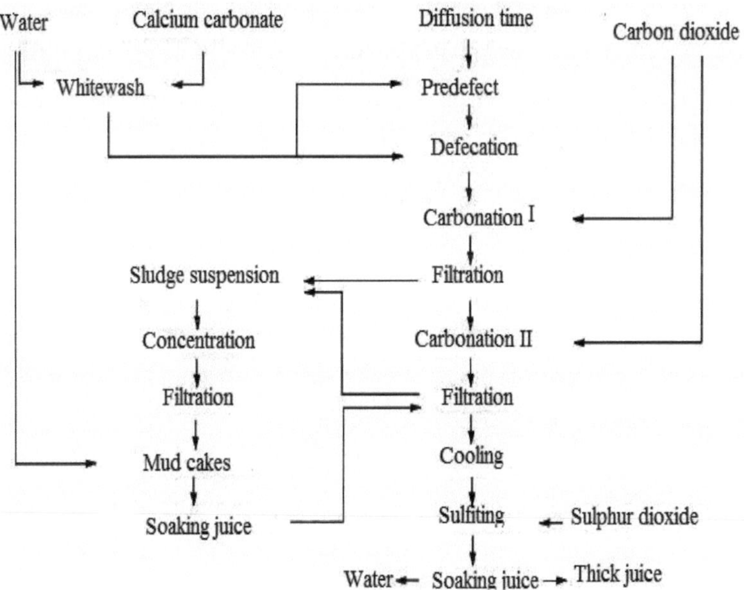

Fig. 1.8. Esquema tecnológico de purificação e concentração da terra de difusão

19

Ao efetuar a operação de pré-defecação, deve ter-se em conta que a solubilidade do leite de cal (de hidróxido de cálcio) é maior na solução de açúcar e que aumenta com a concentração de açúcar, mas diminui com o aumento da temperatura.

Os colóides do suco de difusão são constituídos por proteínas, pectinas, saponinas, araban, galactan, etc., compostos de estrutura linear e de acentuado carácter hidrofílico, que apresentam dois valores de pH nos quais a coagulação é óptima: um meio ácido com pH de 3,5, correspondente ao seu ponto isoelétrico, e um meio alcalino com pH entre 10,8-11,2, na presença de cal. Essencial na operação de pré-defecação é a variação do pH na instalação de pré-defecação (fig. 1.9.), devendo a sua evolução dar tempo suficiente às substâncias coagulantes para se estabilizarem e desidratarem ao longo do sumo. Uma evolução após a curva I produz um caldo que espuma facilmente e uma lama difícil de tratar, sendo a mais favorável a evolução do pH após a curva III.

As estações de pré-tratamento são construídas a partir de compartimentos em que as doses de cal diferem progressivamente. A circulação da terra de difusão é contracorrente, com o pH a aumentar do primeiro para o último compartimento. A quantidade de cal adicionada é de 0,15-0,25% de CaO, sendo que o processo decorre a temperaturas de 60-70 ºC, nas quais as proteínas e as pectinas se precipitam de forma compacta, melhorando a filtrabilidade das lamas.

A defecação ou decomposição das substâncias redutoras consiste em tratar a terra pré-defeituosa com uma quantidade de cal de 1,5-2% CaO. Ao aumentar o pH acima de 12, a cal adicionada actua tanto sobre o coágulo coloidal e os sais precipitados, como sobre as substâncias dissolvidas.

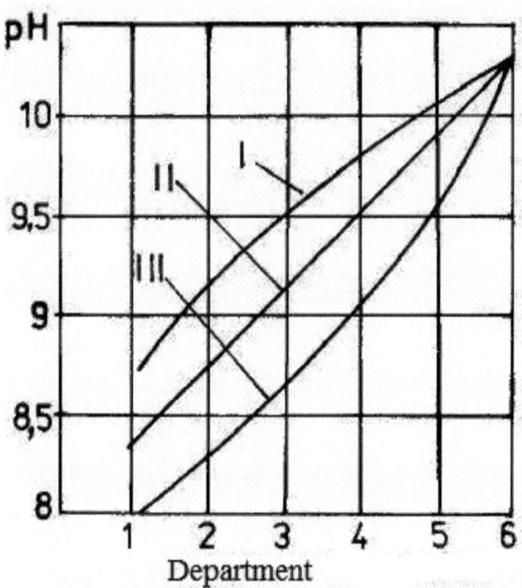

Fig. 1.9. Modos de variação do pH

Sob a ação dos iões OH^- durante a defecação, ocorrem reacções de decomposição: os sais de amónio transformam-se em amoníaco e sal de cálcio, as amidas ácidas (glutamina, asparagina e amida do ácido oxálico) libertam amoníaco durante a decomposição e os sais de cálcio dos aminoácidos permanecem na solução (têm a desvantagem de aumentar as perdas de açúcar no melaço, provocam reacções de escurecimento e dificultam a ebulição e a cristalização do açúcar), a ureia é transformada em amoníaco e dióxido de carbono e os açúcares redutores decompõem-se gerando ácidos (lático, sacárico, sacárico e húmico, precipitando-se os dois últimos com cal e dissolvendo-se os restantes sob a forma de sais de cálcio).

Ao defecar, as gorduras do sumo sofrem o processo de saponificação, precipitando os ácidos gordos resultantes na presença de cal sob a forma de sais de cálcio, permanecendo a glicerina em solução. Sob o efeito do calor, a pectina e o araban passam da polpa para o sumo, que, em contacto com a cal, dão origem a um precipitado gelatinoso, reduzindo a pureza e a filtrabilidade do precipitado.

Ao aumentar a temperatura, a velocidade das reacções aumenta, sendo a temperatura mais favorável, em condições normais (teor de açúcar redutor de 0,3-0,4% U.S.) de 70-80^0 C, indo até um máximo de 85^0 C. Nesta área, as reacções ocorrem rapidamente (cerca de 97% das substâncias redutoras no sumo podem ser decompostas), e a sacarose não é destruída numa proporção significativa, o que leva a uma muito boa termoestabilidade do sumo, necessária nas fases seguintes do processo tecnológico.

A primeira carbonatação ou primeira saturação consiste em tratar a terra defecada com dióxido de carbono e tem por objetivo:

- a purificação da terra por meio do precipitado de carbonato de cálcio, que cria condições para que uma grande parte do não-açúcar da terra seja adsorvida ou absorvida pelos cristais de CaCO_3 em formação ou sobre os cristais já formados;

- precipitação com dióxido de carbono sob a forma de carbonato de cálcio de cal em excesso ou fracamente ligado (açúcares mono e dicálcicos);

- a formação de um precipitado de carbonato de cálcio, que é um material que ajuda a filtrar a terra carbonatada.

Verificou-se praticamente que a purificação química é melhorada quando os cristais de carbonato de cálcio são finos, com uma grande superfície de adsorção, mas nestas condições a velocidade de sedimentação e de separação das lamas diminui. Para obter grandes cristais de precipitado, deve evitar-se a saturação excessiva da solução em carbonato de cálcio, através da carbonatação a um pH baixo.

A manutenção de um pH baixo é melhor conseguida através da carbonatação contínua, mantendo uma alcalinidade constante e reduzida no dispositivo de saturação através da recirculação do sumo saturado, sendo a condição mais importante da carbonatação a manutenção de um pH ótimo para o sumo carbonatado.

O processo de carbonatação consiste em aquecer a terra defecada a 85-90^0 C e tratá-la com gases contendo 23-34% CO_2 (provenientes da calcinação da cal), por borbulhamento com dispositivos especiais até se obter uma alcalinidade caracterizada pelo pH ótimo. Em condições normais (o sumo provém de beterrabas de qualidade), a carbonatação é feita até um pH entre 10,8-11,2, respetivamente um teor de 0,06-0,1% de CaO, com uma duração não superior a 10 minutos. Quanto mais curto for o tempo de exposição do sumo à alcalinidade e a temperaturas elevadas, melhores serão os resultados da carbonatação.

A segunda carbonatação ou descalcificação do sumo fino visa reduzir ao mínimo possível os sais de cálcio contidos no sumo filtrado da primeira carbonatação. Isto aumenta o grau de pureza da terra, com a diminuição das perdas de açúcar no melaço e reduz os depósitos de crosta nos tubos das instalações de ebulição. A segunda carbonatação consiste em tratar a terra filtrada com dióxido de carbono até obter a alcalinidade necessária. O açúcar redutor, as substâncias alcalogénicas e as amidas não decompostas anteriormente decompõem-se durante a segunda carbonatação, as substâncias corantes (tipo melanoidina) formadas durante a pré-defecação e a defecação são absorvidas pelo carbonato de cálcio, sendo as reacções fundamentais nesta fase as de natureza iónica.

Os componentes da Terra podem ser divididos em dois grupos distintos:

- consumidores de alcalinidade: amidas, açúcar redutor, iões cálcio e magnésio, aminoácidos e ácidos fracos;

- produtores de alcalinidade: ácidos oxálico e fosfórico, pectinas proteicas, ácido cítrico, ácido málico, ácido sulfúrico.

Estes compostos participam em proporções diferentes no equilíbrio iónico, influenciando a alcalinidade disponível e que depende do ponto final da primeira carbonatação.

Uma vez que nem todo o cálcio precipita (uma quantidade de "cálcio residual" permanece no sumo), a alcalinidade real é mais elevada do que a teórica e é chamada "alcalinidade natural prática".

O valor em que o sumo apresenta o menor teor de "cálcio residual" é designado por "alcalinidade óptima" da segunda carbonatação. Na prática, a alcalinidade óptima da carbonatação é continuamente controlada pelo pH do solo, sendo a sua manutenção constante ao longo do processo de tratamento com dióxido de carbono ajustada automaticamente, em função do pH final do solo. O pH da solução deve ser mantido dentro dos limites de 9,0-9,25 (medido a 25^0 C), o tratamento com CO_2 cujo caudal é regulado com base na pHmetria, é efectuado a temperaturas entre 92-95^0 C, quando o grau de CO_2 de utilização é de 60-65%.

Nalgumas instalações de purificação, a terra filtrada, antes de ser introduzida na segunda carbonatação, é defecada com 0,1-0,3% de CaO, o que permite aumentar a pureza da terra, obtendo-se um precipitado mais rico e facilmente filtrável.

Descalcificação da terra por permuta iónica. Uma vez que os métodos apresentados não conseguem remover todos os sais de cálcio solúveis do sumo, são utilizadas resinas de permuta iónica. Através da permuta iónica, o cálcio é praticamente eliminado do sumo, mas para proteção dos tubos da caldeira, permanece uma percentagem de 0,002% de cálcio. As resinas utilizadas são do tipo estireno-divinil-benzenossulfonato, fortemente ácidas, passando o mosto através da camada de resina a uma velocidade de 20-30 m/h a uma temperatura de 85-90^0 C.

A descalcificação com amoníaco e carbonato de amónio significa que, a uma temperatura elevada, o sumo deve ser carbonatado até um pH de 11,0, condições em que ocorre a peptização dos colóides, contendo o filtrado sais de cálcio dissolvidos. Após um tratamento com leite de cal (0,1% CaO), procede-se à carbonatação, seguida de um tratamento com amoníaco e carbonato de amónio num reator vertical, na presença do qual os iões de cálcio precipitam em grandes cristais de carbonato de cálcio. Qualquer sumo pode ser purificado por este método, removendo 90-95% dos sais de cálcio.

Separação das lamas do sumo. O precipitado resultante das duas carbonatações é separado do sumo e concentrado, sendo útil, devido à sua composição química, tanto para melhorar os solos ácidos como para fertilizante.

As lamas de defecação-carbonatação são constituídas principalmente por $CaCO_3$ (cerca de 80%), proteínas coaguladas, sais de cálcio, ácido oxálico, ácido cítrico, saponinas, melaninas, sais de cálcio do ácido fosfórico e sulfúrico, compostos com fósforo e azoto.

Normalmente, a separação da suspensão precipitada da carbonatação é efectuada por decantação e filtração ou apenas por filtração. A concentração das lamas é efectuada até 20-25% S.U., após o que a suspensão é espessada com filtros de concentração, sendo os bolos de lamas lavados com água para recuperar o açúcar.

Sulfitação. Para melhorar a qualidade da terra fina em termos de viscosidade e de cor, esta é tratada com dióxido de enxofre. A sulfitação pode prosseguir até que o suco espesso resultante da evaporação tenha uma alcalinidade final de 0,01-0,02% de CaO, respetivamente um pH entre 8,2-8,6. A reação do dióxido de enxofre com a água dá origem ao ácido sulfuroso que, oxidando-se em solução aquosa, se transforma em ácido sulfúrico e hidrogénio. A redução das substâncias corantes pelo hidrogénio e a sua passagem a substâncias incolores provoca a descoloração do sumo. Durante a sulfitação no sumo, aparecem sais de potássio do ácido imidodissulfónico que, tendo o mesmo coeficiente de solubilidade que a sacarose, cristalizam juntamente com esta e o açúcar obtido da clere contém uma elevada percentagem de cinzas. Por este motivo, é necessário eliminar a ação dos microrganismos nas instalações de difusão, desinfectando-as periodicamente.

Como resultado da investigação no domínio da depuração do solo por difusão, foi estabelecida uma vasta gama de variantes de processos, com base na recirculação do carbonato de cálcio no solo por difusão e na defecação-carbonatação simultânea, mostrando ainda as instalações de depuração mais frequentemente encontradas na prática.

O sistema de purificação BMA (fig. 1.10.) é do tipo sem coagulação dos colóides antes da primeira carbonatação. O sumo da cuba de estabilização é misturado com o concentrado de lamas numa quantidade de 8-10% vol., de modo a que a mistura sumo-lamas contenha aproximadamente 0,70% de CaO, a um valor de pH de 8. Aquecido a 75-80 0C, o sumo é passado para a primeira cuba de saturação, onde é feita uma pré-saturação a um pH de 8,5-9, sendo a cal nesta fase (aproximadamente 40% da cal total) adicionada ao sumo pré-saturado.

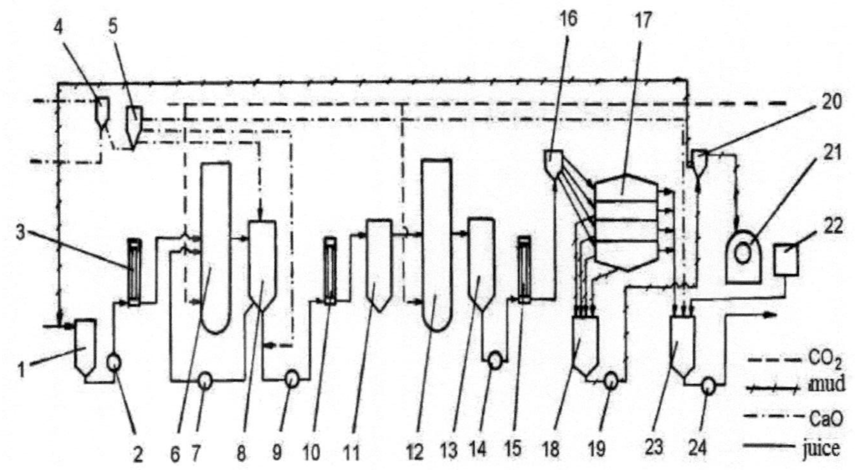

Fig. 1.10. Esquema da instalação de purificação BMA: 1-tanque estabilizador; 2,7,9,14,19,24-bombas; 3,10,15-pré-aquecedores; 4-tanque de leite de cal; 5-distribuidor; 6-presaturador; 8,13-tanques tampão; 11-tanque de defecação principal; 12-vaso de saturação I- a; 16-distribuidor aspira a saturação I- a; 17-decantador; 18-tanque de concentrado de lamas: 20-distribuidor de concentrado de lamas; 21-filtro de vácuo; 22-separador de sucos; 23-tanque de águas claras.

Alcalinizado a um pH de 10,5-11, o sumo é devolvido ao recipiente pré-saturador onde é misturado numa proporção de 800-1000% com sumo estabilizado. O sumo saturado é pré-aquecido no defecador e passa para a saturação principal, sendo tratado com CO_2 para valores de pH de 10,8-11, sendo adicionada cal para defecação antes do pré-aquecimento. A separação das lamas do sumo saturado é feita com a ajuda de filtros de vácuo.

Esta instalação permite obter uma lama que se sedimenta fácil e rapidamente, sendo o grau de depuração da terra de difusão satisfatório.

A instalação de depuração RT (fig.1.11) filtra o sumo pré-saturado, sendo a quantidade de cal utilizada a necessária para a depuração química, e o carbonato de cálcio é recirculado apenas uma vez. O sumo de difusão é progressivamente pré-defectado a 71^0 C, no quarto compartimento do pré-defector introduzindo 1,1-1,8% de $CaCO_3$ resultante da filtração da terra da primeira carbonatação, sendo a alcalinidade da terra levada a 0,2% CaO. Pré-aquecido a 85^0 C, após a adição de cal (aprox. 0,15% CaO), o sumo é saturado com CO2 até uma alcalinidade de 0,05% CaO, depois da adição do sumo e de parte da lama concentrada, é bombeado para filtração.

O suco do primeiro espessamento e do filtro rotativo é submetido a defecação, seguido de aquecimento a 80^0 C, saturação, respetivamente filtração. A lama é recirculada para o pré-esgoto e o sumo, aquecido a 95^0 C, é saturado a uma alcalinidade de 0,015-0,02% CaO, após o que é submetido a uma filtração final.

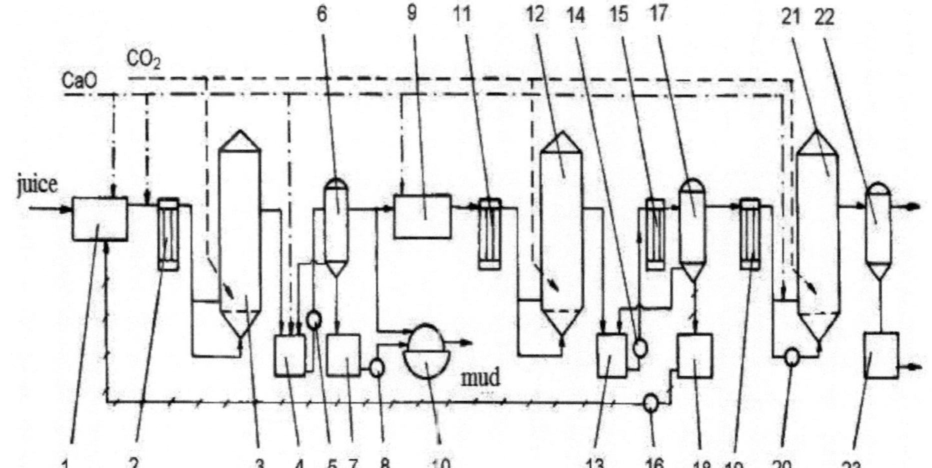

Fig. 11.11. Esquema da instalação de purificação RT: 1-predefector; 2,11,15,19-pré-aquecedores; 3,12,21- saturadores; 4,7,13,18,23-misturadores; 5,8,14,16,20-bombas; 6,17,22-filtros; 9-defecador; 10-filtro rotativo.

A estação de depuração de DDS (fig. 1.12) utiliza uma pré-descarga de recirculação de lamas concentradas desde a primeira saturação, a fim de estabilizar os colóides. É utilizada uma defecação a frio seguida de uma defecação a quente, até uma alcalinidade de 1-2% CaO, em função da qualidade da matéria-prima processada. Após a primeira carbonatação (com controlo

29

automático do pH), o sumo é concentrado na lama com um filtro concentrador DDS, sendo parte da lama devolvida ao pré-defeito e o sumo filtrado, após um aquecimento, é submetido à segunda carbonatação, até a alcalinidade atingir 0,016-0,028 % CaO. Este processo, sendo controlado e regulado automaticamente, pode processar qualquer qualidade de beterraba, tendo a possibilidade de trabalhar com defecação-carbonatação, quando for necessário evitar a defecação.

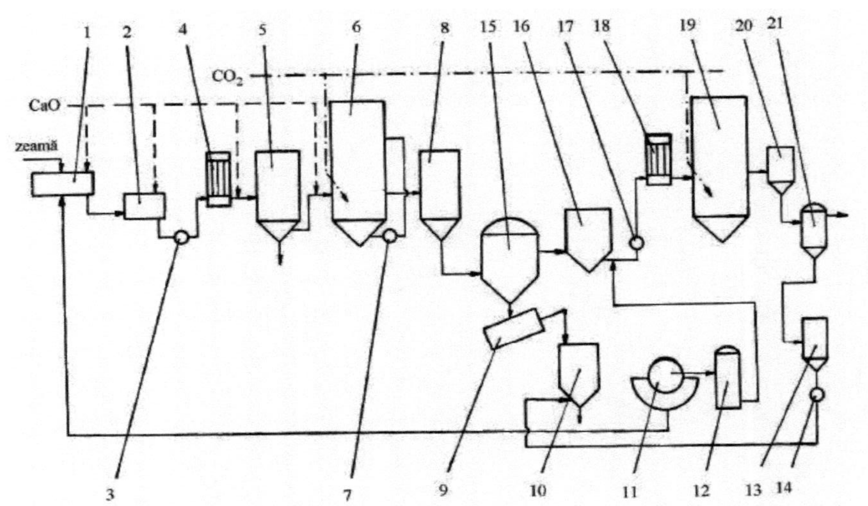

Fig. 1.12. Esquema da instalação de purificação de DDS: 1-predefector; 2- defecador a frio; 3,7,14,17-bombas; 4,18-pré-aquecedores; 5-defecador; 6-saturador; 8-tanque de sumo não filtrado; 9-transportador de lamas; 10-tanque de lamas concentradas; 11-filtro de vácuo; 12,16-tanques de água filtrada; 13-tanque de lamas; 15-filtro DDS; 19-vaso para carbonatação I- a; 20-tanque; 21-filtro.

A evaporação ou concentração da terra por evaporação é uma operação térmica através da qual a maior parte da água é removida da terra purificada, tendo a terra espessa assim obtida um teor de pelo menos 60-65% de S.U.

Durante a evaporação, para além da concentração da terra em matéria seca, ocorrem também alguns fenómenos químicos, sendo os mais importantes a alteração da alcalinidade e, consequentemente, do pH, a intensificação da coloração e a formação de precipitados insolúveis. Em consequência, o sumo espesso resultante da evaporação tem um grau de pureza superior ao do sumo fino.

O amoníaco e o carbonato de amónio, por evaporação, acabam em águas de condensação, águas nas quais se encontram também outras substâncias voláteis (ácidos orgânicos, aldeídos, álcoois). Com exceção da decomposição das amidas, a diminuição da alcalinidade é causada pela decomposição do açúcar invertido em meio alcalino, com a formação de ácidos húmicos, bem como pela fraca caramelização da sacarose.

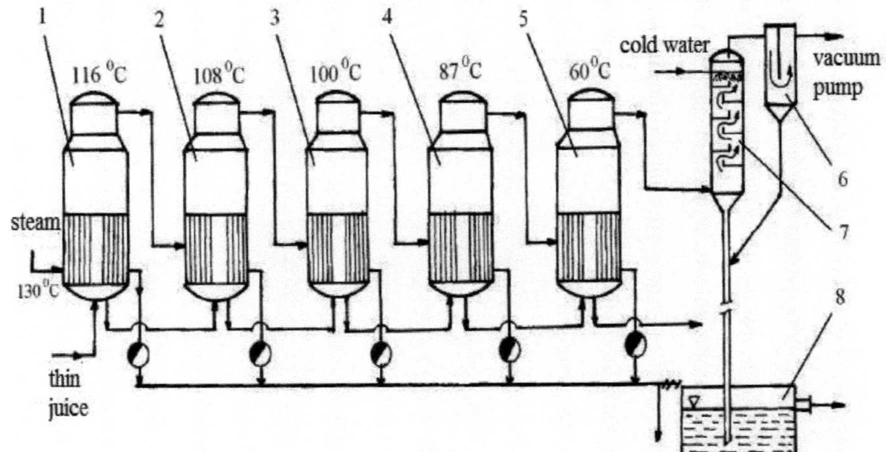

Fig. 1.13. Instalação de evaporação com cinco corpos (etapas): 1, 2, 3, 4, 5 - corpos de evaporação; 6 - apanhador de gotas; 7 - condensador barométrico; 8 - banho barométrico.

Por razões económicas, as estações de evaporação mais utilizadas são do tipo de efeitos múltiplos e de funcionamento contínuo. Assim, o vapor é utilizado para aquecer o primeiro corpo, os vapores secundários do corpo I aquecem o segundo corpo, os seus vapores secundários aquecem o terceiro corpo e assim sucessivamente (fig. 1.13).

De acordo com o modo de circulação da terra e do vapor, a evaporação pode ser efectuada em paralelo, em contracorrente ou em corrente mista (fig. 1.14). Consoante a pressão a que funciona, a evaporação pode ser efectuada em instalações de vácuo, de pressão ou mistas, cada uma das quais com um número de 4, 5 e mesmo 6 corpos de evaporação.

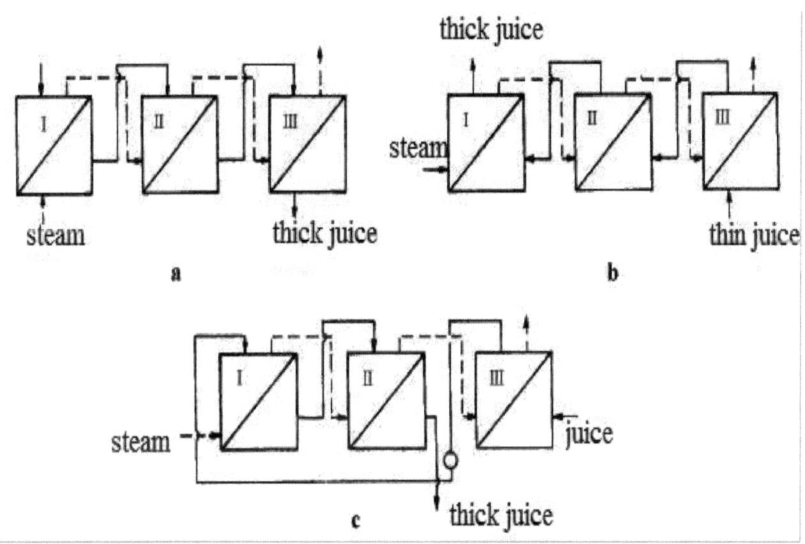

Fig. 1.14. Processos de evaporação: a-em paralelo; b-corrente de contador; c-corrente mista

A obtenção do açúcar a partir do sumo espesso faz-se por ebulição e concentração no vácuo. Através da evaporação progressiva da água do xarope, a concentração em substância seca aumenta, provocando uma supersaturação em que a sacarose passa da solução para o estado líquido, depositando-se nos cristais, perdendo o xarope a sua fluidez e tornando-se uma massa espessa (suspensão de cristais num xarope intercristalino).

Para interpretar os fenómenos de cristalização, é necessário conhecer as propriedades das soluções, dos cristais e as leis que regem a transição de um estado para outro e, sobretudo, a velocidade com que esta transformação se realiza.

A sacarose forma facilmente soluções supersaturadas que são, no entanto, instáveis. Para que a sacarose presente na solução cristalize, é necessária uma força semelhante à diferença de potencial, que determina a passagem das moléculas para a rede cristalina. Este fenómeno só é possível em soluções supersaturadas, por evaporação da água em aparelhos de ebulição sob vácuo ou por arrefecimento do produto obtido durante a ebulição sob vácuo em misturadores-frigoríficos.

O grau de saturação da solução de água e sacarose é avaliado pelo coeficiente de supersaturação α, definido como a razão entre a quantidade de açúcar na solução analisada e na solução saturada, para a mesma temperatura e grau de pureza. O coeficiente tem os seguintes valores: $\alpha < 1$ para soluções insaturadas, $\alpha = 1$ para soluções saturadas e $\alpha > 1$ para soluções supersaturadas.

O processo de cristalização do açúcar decorre em duas fases distintas: a formação dos primeiros cristais através do aparecimento de núcleos de cristalização e o crescimento dos cristais formados a uma determinada velocidade, designada por velocidade de cristalização.

I.3. Cristalização do açúcar

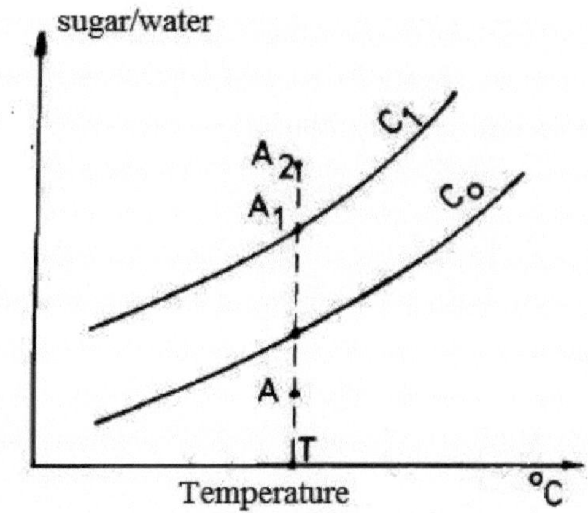

Fig. 1.15. Curvas de solubilidade e de formação espontânea de cristais de açúcar

O sumo espesso que sai da evaporação tem uma concentração inferior ao limite de saturação (ponto A na fig. 1.15). Durante a ebulição sob vácuo, a concentração do xarope ocorre até à saturação, deslocando-se o ponto A ao longo da vertical T-A. Se a ebulição for efectuada sem agitação, a concentração do xarope ultrapassará o limite de saturação (curva C0), passará pela zona metaestável e ultrapassará o limite de nucleação espontânea (curva C1), entrando na zona lábil, caracterizada por elevada supersaturação mas sem formação de cristais. Se for aplicado um choque térmico (arrefecimento brusco) ou mecânico (agitação) à calda, surgem espontaneamente centros de cristalização, em maior número quanto mais afastado estiver o ponto A2 de A1.

A formação de cristais de açúcar em soluções supersaturadas é conseguida através da adição de núcleos da mesma natureza ou facilitando o nascimento de núcleos através de choque térmico ou mecânico. Nas fábricas de açúcar, são utilizadas várias técnicas para a formação de núcleos de cristalização, nomeadamente: por aparecimento espontâneo, por choque dirigido, por sementeira e por priming ou indução de cristais.

Num ambiente supersaturado, a cinética do processo de cristalização é determinada por dois fenómenos básicos: a aproximação das moléculas de sacarose ao ponto de contacto com o cristal (fenómeno de difusão molecular) e a colocação das moléculas na rede cristalina.

O tempo de ebulição dos xaropes é determinado pela velocidade de cristalização do açúcar, sendo a sua variação com a temperatura do xarope apresentada na figura 1.16, e a variação com o grau de saturação e a pureza da solução, na figura 1.17.

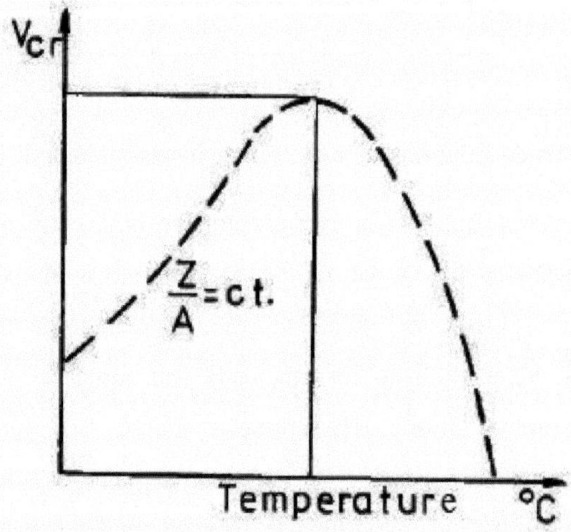

Fig. 1.16. Variação da velocidade de cristalização com a temperatura

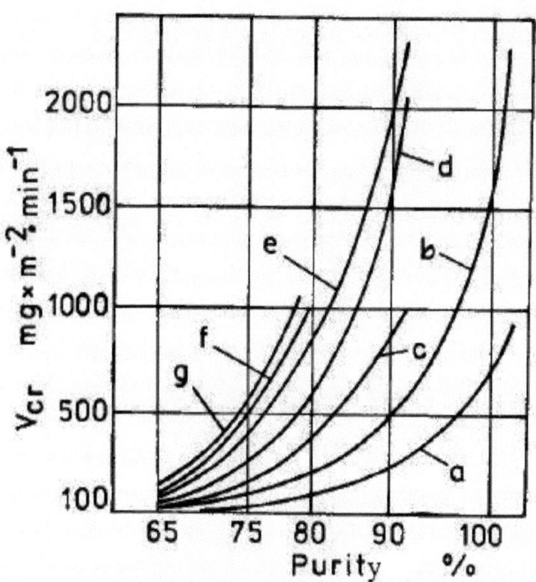

Fig. 1.17. Variação da velocidade de cristalização a 75 0C com a pureza da solução, para diferentes graus de supersaturação: a-1,03; b-1,06; c-1,09; d-1,12; e-1,15; f-1,18; g-1,21.

A cristalização do açúcar por ebulição a vácuo pode ser efectuada em instalações de fluxo contínuo ou descontínuo. Os dispositivos de ebulição descontínua pressupõem uma sequência de passos que devem ser seguidos: admissão do xarope ou de um pé de cristal, concentração até à supersaturação de sementeira, sementeira ou formação de núcleos de cristalização, crescimento dos cristais, concentração final da massa e lavagem do dispositivo.

A concentração do xarope é efectuada a uma depressão máxima de 620-640 mm col. Hg, a água evapora-se inicialmente a 68-70⁰ C, aumentando em função da concentração até 74-77⁰ C.

Quando a supersaturação da calda atinge os valores pré-determinados, são introduzidas sementes para sementeira (açúcar em pó, ou uma suspensão de sementes num líquido orgânico), sendo a quantidade dependente da massa do produto a obter.

Uma vez fixados os núcleos cristalinos semeados, os cristais crescem continuamente mantendo a sua forma e características, sendo a constância da supersaturação conseguida através da manutenção de uma igualdade entre a redução da concentração por cristalização e o seu aumento por evaporação.

Para atingir a pureza imposta ao açúcar, a solução submetida à cristalização não pode ser completamente esgotada numa única etapa de cristalização. Quanto mais cristais uma massa tem, menos xarope ela tem, sendo insuficientemente fluida. Por isso, a cristalização repetida, em duas ou mais etapas, permite obter massas fluidas aquando da descarga dos aparelhos. As caldeiras com funcionamento contínuo têm as mesmas fases que as anteriores.

A ebulição contínua é caracterizada pelo facto de o processo de cristalização ocorrer sucessiva e continuamente, de um compartimento para outro do dispositivo (fig. 1.18)

O xarope em ebulição é concentrado a 78-80^0 Bx no concentrador 1, após o que é misturado com a massa espessa preparada no misturador 4 e introduzido no primeiro compartimento do

do cristalizador 3. O cristalizador está equipado com sete compartimentos nos quais se dá o crescimento dos cristais de sacarose, estando cada compartimento a um nível constante e alimentado com massa espessa do compartimento anterior, à qual se adiciona xarope fresco doseado com o doseador 2. O cristalizador dispõe de um sistema de aquecimento interno e externo, bem como de aquecimento segundo o princípio do termossifão (grande parte dos vapores formados no concentrador são injectados na massa espessa, tendo apenas um efeito mecânico, sem diluir a massa de xarope).

A concentração da massa espessa aumenta ao longo dos compartimentos, enquanto que, ao adicionar xarope fresco, a concentração do xarope mãe é praticamente constante.

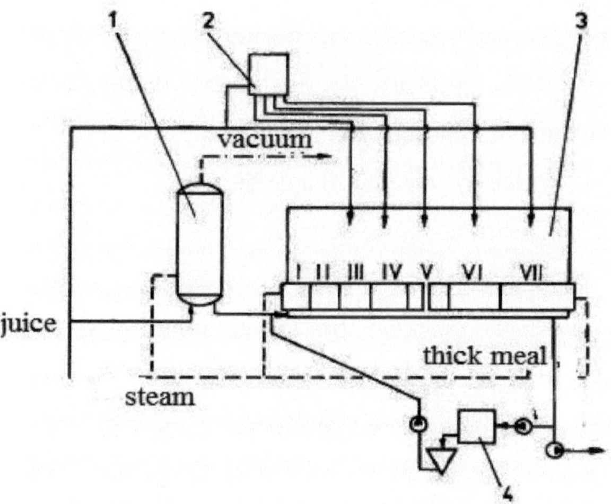

Fig.1.18. Esquema de um cozedor contínuo de xarope sob vácuo

A refinação do açúcar é uma operação de purificação que consiste em retirar mecanicamente a película de xarope dos cristais, sem os dissolver. Para a refinação, o açúcar bruto é misturado com o xarope de refinação, aquecido a 90-95⁰ C, num misturador especial, durante 20-30 minutos, dando origem a uma massa espessa que, por centrifugação, permite a separação dos cristais de xarope.

Refinamento do açúcar. O açúcar refinado da centrífuga tem um teor de humidade de 2-5%, sendo dissolvido para obter o açúcar com uma concentração de cerca de 650Bx. A operação é feita em dissolventes equipados com agitadores e serpentinas de aquecimento, utilizando condensado ou sumo fino bem purificado. O branqueamento é feito misturando-o com carvão ativado em pó ou passando-o sobre colunas com carvão granulado ou carvão de ossos. Após o branqueamento, os claretes são filtrados com filtros de kieselguhr. Assim, cerca de 0,08% S.U. de carvão ativado em pó e filtrado a uma pressão de até 3 atmosferas. Atualmente, são utilizados filtros com uma velocidade de filtração elevada (filtros de disco ou filtros de vela).

O melaço é um xarope de cor castanha escura, com sabor e cheiro característicos, contendo em suspensão substâncias de composição e quantidades variáveis, provenientes da matéria-prima (compostos azotados ou suspensões coloidais finas não açucaradas), constituintes formados no processo tecnológico (proteínas insolúveis, produtos de degradação do açúcar) ou o não açúcar insolúvel resultante da concentração do xarope.

Em geral, o melaço contém cerca de 50% de açúcar, tem uma pureza de 56-62% e uma concentração de matéria seca entre 78-86^0 Bx. Para aumentar o rendimento das fábricas de açúcar, o melaço resultante deve ter uma pureza tão baixa quanto possível ou ser tão pobre em açúcar quanto possível.

A escolha de um esquema de ebulição de xarope é feita em função da sua pureza e da qualidade do produto acabado.

Esquemas de ebulição para obtenção de açúcar bruto. Este tipo de açúcar é obtido na sequência de uma única cristalização, a partir do primeiro produto (em ebulição), sendo uma variante a da figura 1.19.

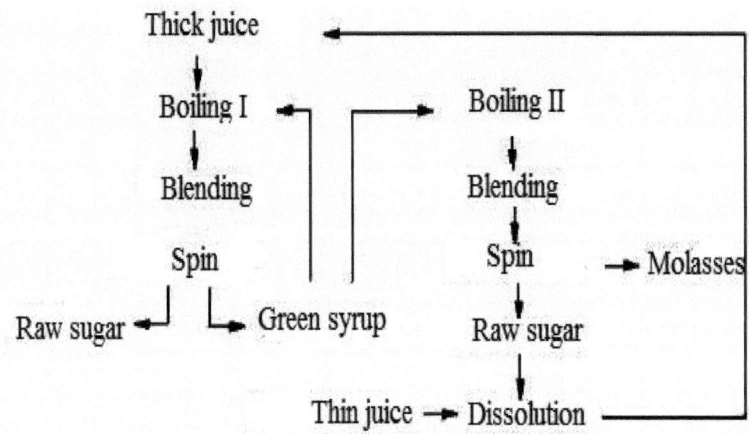

Fig. 1.19. Esquema de ebulição de dois produtos para um tipo de açúcar bruto

O xarope verde é recirculado para os dois produtos, esgotando o melaço até 60-62%. O açúcar bruto obtido por centrifugação é dissolvido com sumo fino e misturado com o xarope concentrado. Estes esquemas de ebulição resultam na produção de açúcar bruto não comercializável, mesmo que seja posteriormente refinado.

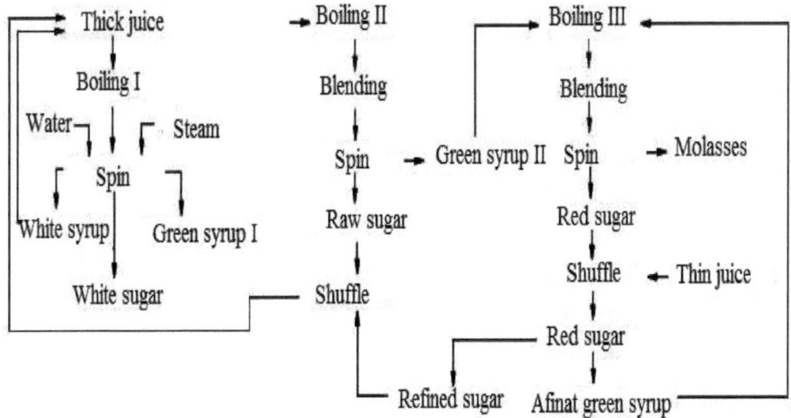

Fig. 1.20. Esquema de obtenção de açúcar através de três fervuras com um único produto acabado

Esquemas de obtenção de açúcar branco. Estes esquemas conseguem um encaminhamento dos xaropes e, através da lavagem do açúcar em centrífugas, resultam xaropes com elevado grau de pureza, sendo necessário o seu esgotamento em várias etapas. Foram concebidas variantes com 2-5 fervuras (produtos), sendo o esquema mais utilizado o da produção de açúcar branco através de três fervuras sucessivas (fig. 1.20).

Na primeira ebulição, utiliza-se a massa constituída pelo xarope concentrado, pelo claro obtido do açúcar intermédio e final (filtrado e descolorido) e pelo xarope branco do primeiro produto. Se o xarope concentrado for de boa qualidade, obtém-se, com um rendimento mássico de açúcar de 40%, um açúcar branco de alta qualidade (8-12 graus braunschweig).

Quando é necessário um açúcar de elevada pureza ou quando o xarope é rico em substâncias corantes, recomenda-se um esquema de quatro fervuras em que, ao dirigir os xaropes, se obtém 30% da massa refinada, sendo o resto produtos de base.

O princípio da força centrífuga é utilizado para separar os cristais de açúcar do xarope intercristalino. Assim, a massa espessa é introduzida em centrifugadoras filtrantes cujo tambor roda a alta velocidade angular.

A intensificação da filtração no campo centrífugo é devida ao aumento da pressão da suspensão de cristais nas paredes do tambor sob a ação da força centrífuga. O fator de separação Z é definido como a razão entre a aceleração centrífuga e a aceleração gravitacional:

$$Z = \omega^2 R/g \qquad (1.6)$$

em que R é o raio da partícula em relação ao eixo de rotação;

ω- velocidade angular do tambor;

g- aceleração gravitacional.

O valor da força de separação centrífuga depende da uniformidade dos cristais e da viscosidade do xarope intercristalino, sendo as maiores forças de separação necessárias para a centrifugação dos produtos intermédios e finais.

As centrífugas utilizadas nas fábricas de açúcar têm funcionamento descontínuo e contínuo (com fluxo livre ou com avanço forçado da massa espessa), quando se obtém açúcar branco, recorre-se à lavagem intermitente dos cristais nas centrífugas, utilizando quantidades bem determinadas de água de lavagem.

Uma vez que nas fervuras de baixa pureza, em que a velocidade de cristalização é muito baixa, não é possível extrair todo o açúcar cristalizável da calda-mãe, o processo de cristalização interrompido no final da fervura é retomado através do arrefecimento da massa espessa, sendo esta operação designada por cristalização adicional.

Com a diminuição da temperatura, a solubilidade da sacarose na calda-mãe diminui, uma parte dela passa da solução em estado de supersaturação e, em determinadas condições de temperatura e agitação, deposita-se sobre os cristais existentes. Desta forma, o xarope intercristalino é empobrecido em açúcar, com o aumento do rendimento em açúcar cristalizado.

A operação é efectuada em misturadores ou frigoríficos nos quais, através do arrefecimento progressivo e da agitação contínua da massa, se mantêm as forças que determinam o crescimento dos cristais, uniformizando a sua temperatura e supersaturação, evitando assim o aparecimento de novos núcleos de cristalização.

Na cristalização por arrefecimento, a velocidade de cristalização é muito baixa, em comparação com a cristalização por ebulição, estando dependente do grau de supersaturação, da temperatura, da viscosidade da massa, da superfície dos cristais e da natureza e concentração das impurezas.

O arrefecimento da massa nos misturadores deve ser feito de forma a que a supersaturação se mantenha constante ao longo da cristalização. Na prática, cada massa sujeita a arrefecimento tem uma curva de arrefecimento específica, respeitando uma queda de temperatura de $1,5\text{-}2^0$ C por hora, e para reduzir o tempo de paragem, pode ir até 2,5 0C por hora. Se a temperatura inicial da massa sujeita a cristalização adicional for tida em conta, o tempo de arrefecimento é de pelo menos 40 horas.

I.4. Secagem, acondicionamento e armazenagem de açúcar

O açúcar obtido por centrifugação contém humidade entre 0,5 e 2,5% (0,5 no caso de branqueamento com água e vapor, e 2% no caso de branqueamento com água quente), sendo que a humidade diminui com o aumento da granulação.

O problema da secagem e do acondicionamento do açúcar surgiu da necessidade de o armazenar e conservar até à comercialização, em condições de qualidade tais como: humidade de 0,02-0,04%, arrefecido a uma temperatura de 25^0 C, não conter pó de açúcar ou açúcar invertido e o pH deve ser de 8,5-9.

Secagem do açúcar. A humidade no açúcar centrifugado está fisicamente ligada de três formas:

- A humidade livre, que se encontra no xarope que envolve os cristais de açúcar, é fácil de remover;

- a humidade ligada, formada por uma película de xarope supersaturado na superfície dos cristais, que impede as moléculas de açúcar de se integrarem na estrutura cristalina e é difícil de remover;

- humidade interna, formada por grupos de moléculas de xarope incluídos na estrutura cristalina e que pode ser evidenciada pelo aumento da humidade do ar durante a moagem do açúcar.

A remoção da humidade livre é conseguida através da secagem do açúcar com ar quente (com uma humidade relativa média inferior a 50%), e parte da humidade ligada através do fornecimento de silos de armazenamento com ar condicionado.

A secagem é efectuada por difusão da água do açúcar húmido para o ar quente, sendo a operação realizada em secadores do tipo torre, com discos escalonados, com tambor, com turbina ou em leito fluidizado.

Peneiramento do açúcar. Para obter um melhor aspeto, mas também para corresponder melhor ao fim para que foi obtido, o açúcar seco e arrefecido é passado por um eletroíman que retém as impurezas ferrosas, após o que é separado por peneiração em diferentes fracções granulométricas.

Os crivos utilizados têm uma malhagem de 0,3-0,7 mm para os cristais finos, 0,7-1,5 mm para os cristais médios e 1,5-3 mm para os cristais grandes. Para obter uma boa separação, os peneiros devem ser alimentados de forma contínua e homogénea, de modo a que a camada de açúcar no peneiro não seja demasiado espessa. A peneiração do açúcar é uma operação que provoca a formação de uma grande quantidade de açúcar em pó, sendo a sua separação e recuperação efectuadas a seco (geralmente em filtros de mangas) ou a húmido (em hidrociclones).

Armazenamento de açúcar. O armazenamento de açúcar por um longo período de tempo é efectuado a granel, em silos de grande capacidade ou embalado (em sacos de juta, papel, pacotes), em armazéns. A maior parte do açúcar é armazenada em silos equipados com sistemas de ar condicionado nas células. Deste modo, o ar seco e aquecido entra em contacto direto com o açúcar (por sopro na parte inferior da célula ou por absorção na parte superior) ou indiretamente, através de um feixe de tubos colocados no interior da célula de armazenagem.

Nos armazéns, o açúcar é preferencialmente acondicionado em sacos de papel, que oferecem uma melhor proteção contra a humidade e os odores, em comparação com os sacos de juta, sendo também necessário ar condicionado.

I.5. Transformação de açúcar bruto de cana-de-açúcar

O açúcar bruto é obtido a partir dos caules da cana-de-açúcar após a extração e cristalização do xarope. Contém muitas impurezas e, para obter açúcar de qualidade, é necessário purificá-lo e refiná-lo.

Uma primeira etapa é a purificação calco-carbónica da argila obtida a partir do açúcar bruto, de acordo com o esquema da figura 1.21.

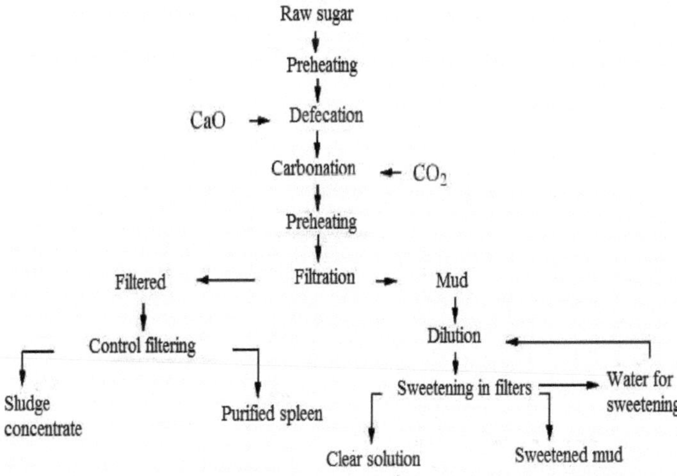

Fig. 1.21. Esquema tecnológico da purificação calco-carbónica da argila

O tratamento da argila com leite de cal tem como objetivo a destruição destas substâncias redutoras, bem como das amidas, facilitando a absorção das substâncias corantes pelo carbonato de cálcio, mas ao mesmo tempo aumentando a estabilidade térmica da argila nas fases de concentração. Após a carbonatação a um pH de 8,3-8,5, a argila é deixada durante alguns minutos para finalizar as reacções químicas, sendo depois pré-aquecida, filtrada e, após passagem por um filtro de controlo, obtém-se a argila purificada. Como nem todas as substâncias corantes podem ser removidas, antes da refinação propriamente dita, a argila deve ser descolorida.

A refinação do açúcar bruto da cana-de-açúcar é feita em quatro etapas de fervura e cristalização, em duas variantes tecnológicas que processam açúcar bruto de qualidade superior e

açúcar bruto de baixa qualidade. O esquema tecnológico para refinar a argila purificada é apresentado na figura 1.22.

O branqueamento da argila pode ser feito por filtração sobre carvão animal, com resinas de permuta iónica ou filtração sobre uma camada de carbarafina e kieselguhr. O processo de ebulição e cristalização do açúcar de cana é mostrado nas figuras 11.23...11.26.

De acordo com a tecnologia de ebulição e cristalização em quatro etapas, o açúcar refinado é obtido na primeira etapa, enquanto o melaço é obtido na quarta etapa. O produto de açúcar I refinado na centrifugadora tem uma pureza de 97,5% e 98 0 Brix, o produto de açúcar II refinado tem uma pureza de 93% e 980 Brix, enquanto o melaço tem uma pureza de 59% e 82^0 Brix.

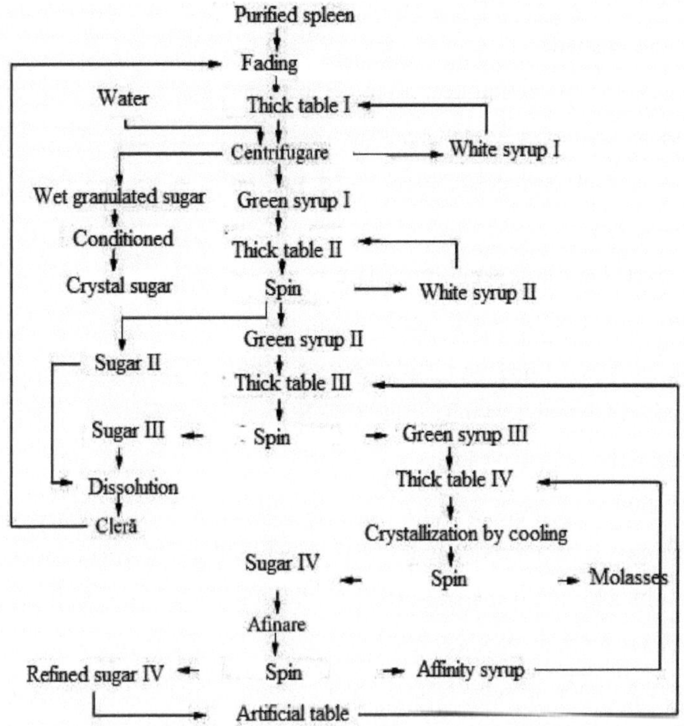

Fig. 1.22. Esquema tecnológico da refinação de argila purificada

Após o processamento, obtém-se o açúcar refinado, conhecido como açúcar tipo ou de qualidade standard, cujas características são estabelecidas por regras que limitam a humidade a um máximo de 0,06%, as substâncias redutoras a menos de 0,04% e um máximo de 22 Pontos Europeus (se refere ao teor de cinzas, cor em solução e tipo de cor).

I.6. Valorização dos produtos secundários da indústria açucareira

O processamento da beterraba sacarina resulta numa grande quantidade de subprodutos, tais como o caldo de macarrão gasto da extração, o melaço como xarope intercristalino da cristalização do açúcar ou as lamas da filtração da terra defecada e carbonatada.

A pasta de macarrão húmida, prensada, prensada e seca é um subproduto rico em substâncias azotadas e não azotadas, sendo uma excelente forragem para a alimentação animal. Em alguns casos, a pectina ou a cola de pectina é também extraída do borhot.

As lamas dos filtros, concentradas e secas em secadores de vácuo, contêm mais de 70% de $CaCO_3$ sendo utilizada como corretivo da acidez do solo ou fertilizante mineral. O melaço resultante da centrifugação apresenta-se como um líquido viscoso, de cor castanha e com 80-85% de matéria seca. Com todas as fases de ebulição-cristalização da massa espessa, a substância seca do melaço contém 55-60% de sacarose, 14-15% de substâncias azotadas, substâncias pécticas, ácidos, substâncias corantes, sais minerais. Devido à sua composição, o melaço é utilizado como matéria-prima no fabrico de bebidas espirituosas e na produção de levedura de padeiro, ácido cítrico e ácido lático.

O melaço após a separação é mantido em tanques metálicos fechados, equipados com circuitos de aquecimento e arrefecimento para manter uma temperatura controlada, depois de terem sido higienizados e desinfectados com solução de formalina. Desta forma, evita-se qualquer tendência para a fermentação do açúcar do melaço sob a ação de eventuais microrganismos.

A produção de levedura de panificação é efectuada de acordo com um esquema tecnológico complexo, através do qual culturas de leveduras seleccionadas da família Saccharomices cerevisiae se multiplicam sucessivamente no suporte nutricional constituído por melaço, sais e ar esterilizado.

Além do melaço e da cultura de levedura selecionada, o processo tecnológico utiliza também materiais auxiliares sob a forma de sais nutritivos e de correção de alguns indicadores físico-químicos (sulfato de amónio, solução de amoníaco, fosfato diamoniacal técnico, ácido ortofosfórico, cloreto de potássio, sulfato de magnésio, cloreto de magnésio, superfosfato de cálcio, ácido sulfúrico diluído), substâncias bioestimulantes para as leveduras (extrato de milho, autolisado de levedura, raízes de malte), água de baixa dureza e substâncias antiespumantes (evitam a formação de espuma durante a multiplicação das leveduras ou dispersam a espuma formada).

A cultura de levedura pura selecionada multiplica-se no laboratório em duas fases I e II, depois nas fases III e IV obtém-se a cultura tecnicamente pura, que é separada no leite da levedura I. Após lavagem e separação das águas de lavagem, obtém-se o leite de levedura II que, purificado com solução de ácido sulfúrico, passa à última multiplicação de leveduras, da geração V. Segue-se uma série de operações de lavagem e separação por centrifugação do leite de levedura das águas de lavagem, finalmente é arrefecido, submetido a uma filtração final, amassado e modelado. A última operação é o acondicionamento da levedura na forma em que se encontra no comércio.

A levedura seca para panificação é obtida a partir do leite de levedura submetido à operação de granulação, secagem dos grânulos com ar quente e acondicionamento em materiais que não permitem o contacto com o ambiente externo.

O melaço é a matéria-prima para a obtenção do ácido cítrico. Após diluição, o melaço é tratado com ácido fosfórico, sulfato de zinco e ferrocianeto de potássio, a fim de fornecer o suporte necessário para o desenvolvimento dos esporos e, após esterilização, é submetido à fermentação com esporos de Aspergillus niger.

O micélio do bolor é separado da lixívia de fermentação resultante e, após tratamentos com leite de cal e ácido sulfúrico, a fim de precipitar o sulfato de cálcio, resulta uma solução ácida cítrica impura.

A solução de ácido cítrico é purificada com kieselguhr, que absorve as partículas suspensas e coloidais que se depositam, e obtém-se uma solução purificada por filtração. Segue-se a descoloração por tratamento com permutadores de iões, a concentração da solução até à cristalização, a separação da solução-mãe, que é misturada com a lixívia de fermentação para a esgotar, sendo os cristais de ácido cítrico submetidos a secagem e acondicionamento.

O ácido lático é obtido por fermentação da sacarose do melaço por bactérias lácticas da família dos Lactobacillus delbruckii. Durante a fermentação, adiciona-se carbonato de cálcio que transforma gradualmente o ácido lático em lactato de cálcio (uma vez que a acumulação de ácido lático leva à paragem da fermentação) e, por tratamento com ácido sulfúrico, obtém-se finalmente o ácido lático.

II. Modelos matemáticos para a previsão de parâmetros reológicos em vinassas derivadas da cana-de-açúcar

II.1. Introdução

Os bagaços são resíduos orgânicos no estado líquido produzidos pela indústria do etanol; são gerados numa proporção de aproximadamente 12-15 l para cada litro de álcool produzido [1, 2]. As propriedades dos bagaços dependem da matéria-prima utilizada para a produção de etanol, assim, os bagaços derivados de milho, cevada e trigo têm uma elevada quantidade de sólidos insolúveis; em contrapartida, os bagaços derivados de cana-de-açúcar, beterraba sacarina, uva, agave ou sorgo sacarino têm uma elevada proporção de sólidos solúveis [3]. Em geral, as massas de vinagre são caracterizadas por terem uma cor castanha escura, pH entre 3,5-5,0, elevado conteúdo orgânico e valores de carência química de oxigénio entre 50-150 g l^{-1} [3].

Regularmente, os vinhedos são diretamente eliminados no ambiente. Em particular, são utilizadas como fertilizante devido à elevada concentração de potássio e cálcio, bem como ao seu elevado teor orgânico [3,4]. No entanto, é bem aceite que as vinhas podem poluir o solo e as águas subterrâneas devido ao seu elevado teor orgânico e de sólidos dissolvidos. Além disso, este resíduo tem compostos fitotóxicos, antibacterianos e recalcitrantes que podem alterar o ecossistema [3].

O conhecimento das propriedades reológicas das vinassas é muito importante, porque pode ser utilizado para diferentes aplicações de engenharia, tais como a conceção de equipamento, a conceção do sistema de transporte, a conceção da capacidade da bomba e os requisitos de potência para a mistura [5]. As propriedades de diluição por cisalhamento de sistemas biológicos são frequentemente caracterizadas por meio de testes reológicos de tensão de cisalhamento *versus* taxa de cisalhamento, que são usados para caraterizar parâmetros reológicos como tensão de escoamento (τ_0), coeficiente de consistência (K) e índice de comportamento de fluxo (n) (Chaves *et al.*, 2013). A compreensão das propriedades de escoamento das vinhaças, em diferentes concentrações e temperaturas, pode ajudar a melhorar a eliminação da vinhaça na indústria do etanol.

Um número limitado de investigações é relatado na literatura sobre as propriedades reológicas das massas de vinificação. Lozano *et al.* [1] estudaram o efeito da temperatura (20-35°C) nas propriedades reológicas da vinhaça. Não foi fornecida qualquer informação sobre o teor de sólidos da vinhaça neste relatório. Os autores relataram um comportamento não-Newtoniano nas massas de vinhaça que foram bem ajustadas ao modelo de Herschel-Bulkley. Para todas elas, o índice de comportamento do fluxo (n) variou entre 1,0 e 1,1. Perez *et al.* [6] também estudaram o comportamento reológico de vinassas em diferentes teores de sólidos solúveis (31-73 °Brix) e temperaturas (22-90°C). Os autores referiram uma dependência polinomial de segundo grau entre a viscosidade aparente e a temperatura; não referiram modelos reológicos pseudoplásticos.

O presente estudo tem como objetivo caraterizar as propriedades estruturais e ológicas das massas de vinagre, fazendo uma análise mais detalhada, relacionada com a sua dependência do teor de sólidos solúveis, da taxa de cisalhamento e da temperatura.

II.2. Materiais e métodos

Uma amostra de vinhaça com um teor de sólidos solúveis (SSC) de 42°Brix foi obtida diretamente da indústria da cana-de-açúcar no estado de Valle del Cauca (Colômbia).

A composição química foi determinada na matéria-prima da vinhaça com um SSC = 42°Brix. O conteúdo de água, cinzas e gordura bruta foram determinados usando os métodos da AOAC [7-9]. A proteína bruta foi examinada pelo método de Kjeldahl e usando um fator de conversão de 6,25 [10]. A fibra bruta foi analisada através do método Van Soest (Soest e Wine, 1967). O teor total de hidratos de carbono foi calculado por diferença de peso. As determinações químicas foram efectuadas pelo menos duas vezes.

Em primeiro lugar, a vinhaça (42°Brix) foi concentrada pelo processo de aquecimento a 100°C para obter concentrações de vinhaça a 44, 47, 50 e 60 ± 0,2°Brix. O teor de sólidos solúveis (°Brix) foi determinado com um refratómetro (ATAGO HRS-500, Tóquio, Japão).

A caraterização por microscopia ótica (LM) foi efectuada em vinhos (44, 47, 50 e 60±0,2°Brix). As amostras foram colocadas diretamente no microscópio (Zeiss, AxioLab. A1, Oberkochen, Alemanha) e depois observadas em dois níveis de ampliação, 20x e 40x. As imagens foram captadas com uma AxioCam (Icc1, ZEN-2, Oberkochen, Alemanha) e analisadas com o software ImageJ v 1.39 (National Institute Health, Bethesda, MD, EUA).

As propriedades reológicas das massas de vinho (44, 47, 50 e 60 ± 0,2°Brix) foram medidas com um viscosímetro (DV-E Brookfield, Middleboro, MA, EUA). Em primeiro lugar, a tensão de cisalhamento (t) foi medida em função do tempo (600 s) a 25°C. Em segundo lugar, a tensão de cisalhamento (τ) foi medida em função da taxa de cisalhamento ($\dot{\gamma}$), que foi aumentada de 0,33 para 1,0 s^{-1} . Para este teste reológico, as vinassas foram carregadas num copo cilíndrico e condicionadas num banho de água a uma temperatura específica (10, 20, 30, 40 e 50±1°C). Todos os ensaios reológicos foram efectuados com um mandril do tipo S-61 e quinhentos mililitros de vinhaça. Todas as análises foram efectuadas pelo menos três vezes utilizando o viscosímetro de Brookfield entre 10-90% de escalas de torque total.

Foi efectuada uma análise de variância (ANOVA) e o teste de Tukey de comparações múltiplas com um nível de significância de 5% (software SAS, versão 9.2). Todas as curvas de ajuste foram efectuadas utilizando o software MS-Excel ®, Origin (versão 6.1) e Statistica (versão 10.0).

II.3. Resultados e discussão

A vinhaça tinha a seguinte composição química: teor de água (19,30%), cinzas (19,52%), proteína bruta (6,05± 0,64%), gordura bruta (0,11%), fibra bruta (0,47%) e teor de hidratos de carbono (74,52%). Os teores de cinzas e proteínas na vinhaça são semelhantes aos relatados anteriormente por Cortez e Pérez [11] e Ahmed *et al.* [12].

De acordo com Ahmed *et al.* [12], a composição química da vinhaça é variável e depende da matéria-prima utilizada para a produção de etanol, bem como da fermentação alcoólica, dos tipos de leveduras e dos processos industriais de destilação e separação.

As micrografias de microscopia ótica das vinassas foram estudadas em dois níveis de ampliação (Fig. 2.1). Na ampliação mais pequena (Fig. 2.1a, c, e, g), pode ser visto que o número de partículas aumentou com a SSC. Além disso, na ampliação maior (Fig. 2.1b, d, f, h), observou-se que o tamanho das partículas não foi alterado com a SSC. Assim, foram observados dois tamanhos de partículas: o primeiro tamanho de partícula entre 4-13 µm e o segundo tamanho de partícula entre 90-130 µm. Estes resultados indicaram que o processo de aquecimento levou à evaporação da água, mas não alterou o tamanho das partículas.

A dependência do tempo revelou um forte efeito do SSC nos valores da tensão de cisalhamento (Fig. 2.2). Assim, foram obtidos valores mais elevados de tensão de cisalhamento nas uvas com SSC = 60°Brix. Os valores da tensão de cisalhamento nas uvas foram significativamente diferentes ($p < 0,05$), exceto para as uvas com SSC = 44 e 47°Brix, onde foram registadas diferenças insignificantes ($p > 0,05$). Mais importante ainda, estes resultados indicam que todas as amostras atingiram uma condição de equilíbrio instantâneo, onde os valores de tensão de cisalhamento não foram alterados durante o tempo de análise (600 s). A não alteração da tensão de cisalhamento *em função* do tempo é frequentemente registada em sistemas sem comportamento tixotrópico [13].

As curvas de fluxo das vinassas mostraram um aumento não linear da tensão de cisalhamento em função da taxa de cisalhamento (Fig. 2.3). Com base na análise de mínimos quadrados dos dados correspondentes, as curvas de tensão de cisalhamento vs. taxa de cisalhamento foram bem ajustadas ao modelo de lei de potência $(0{,}991 < R^2 < 1.0)$:

$$\tau = K\dot{\gamma}^n \tag{2.1}$$

em que: τ é a tensão de cisalhamento (Pa), K é o coeficiente de consistência (Pa sn), função da taxa de cisalhamento ($\dot{\gamma}$), e n é o índice de comportamento do fluxo (sem dimensão).

Os parâmetros do modelo de lei de potência são apresentados no Quadro 1. As curvas de fluxo em vinassas foram caracterizadas por terem dois comportamentos reológicos. Em primeiro lugar, foi observado um comportamento pseudoplástico ou de cisalhamento $(0{,}69 \leq n \leq 0{,}89)$ nas vinassas para temperaturas entre 10 e 20°C. Em segundo lugar, com o aumento da temperatura ($T = 30$, 40 e 50°C), observou-se que os valores de n estavam próximos de 1,0, indicando uma aproximação ao modelo newtoniano ($\tau = \eta\dot{\gamma}$).

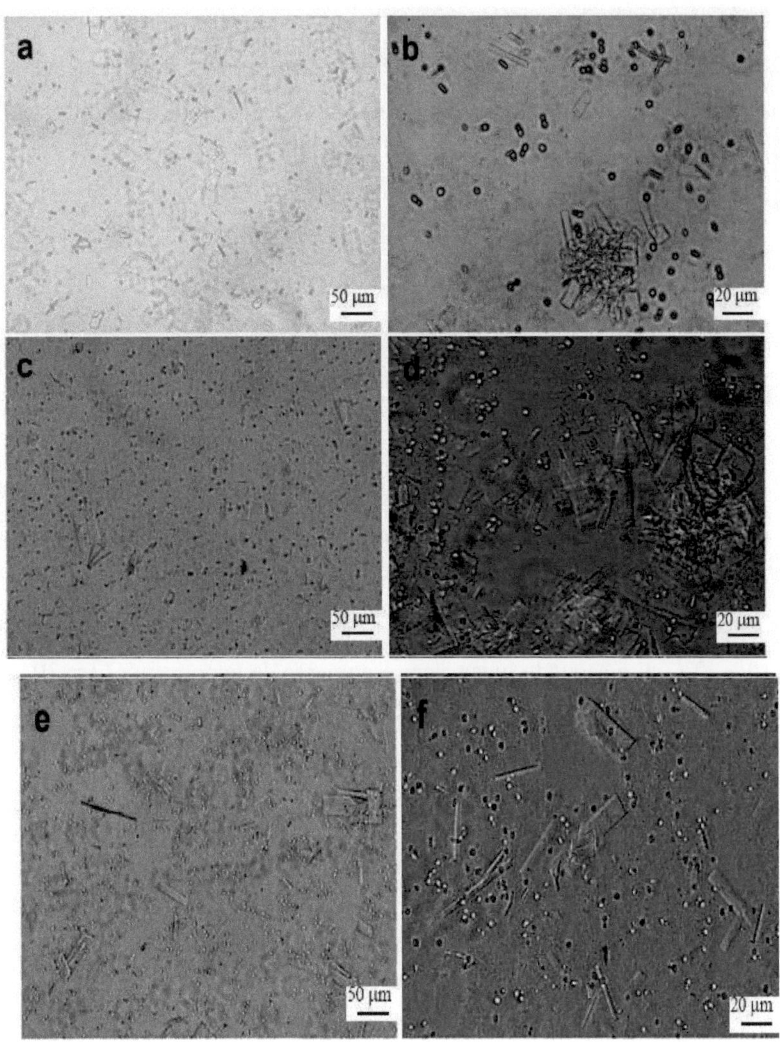

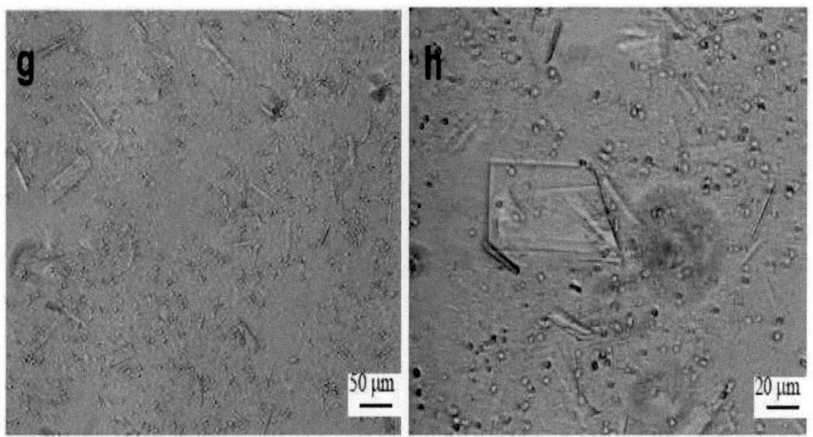

Fig. 2.1. Micrografias de vinhos com teores de sólidos solúveis de: a, b - 44°Brix; c, d - 47°Brix; e, f - 50°Brix; e g, h - 60°Brix. As fotografias foram obtidas com duas ampliações diferentes

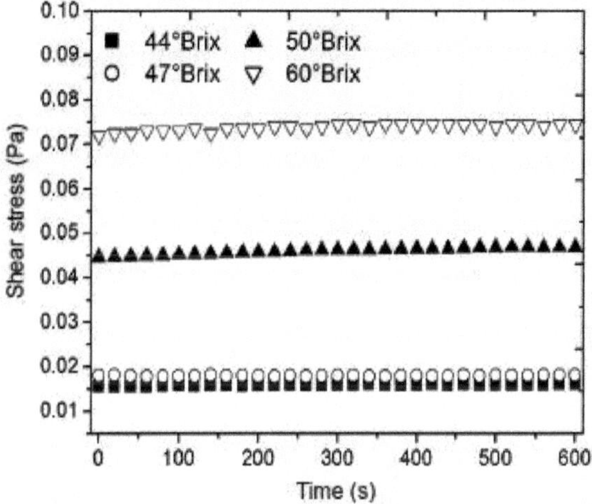

Fig. 2.2. Valores de tensão de cisalhamento em função do tempo, a 20°C, de vinagres com diferentes teores de sólidos solúveis.

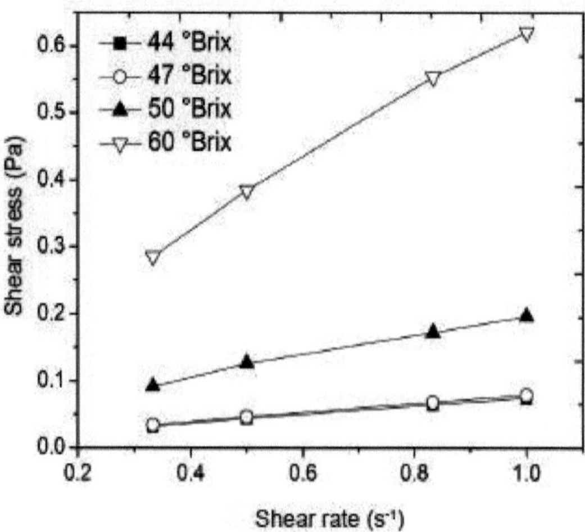

Fig. 2.3. Valores de tensão de cisalhamento *vs.* taxa de cisalhamento de vinassas com diferentes teores de sólidos solúveis.

Tabela 2.1. Parâmetros de ajuste *K* e *n* do modelo de lei de potência para as vinassas com diferentes teores de sólidos solúveis

Parameter	SSC (°Brix)	Temperature (°C)				
		10	20	30	40	50
K (Pa s^n)	44	0.07 ± 0.01B,a	0.04 ± 0.01C,b	0.03 ± 0.01C,bc	0.02 ± 0.00B,c	0.01 ± 0.00C,c
	47	0.08 ± 0.01B,a	0.06 ± 0.00C,b	0.03 ± 0.00C,c	0.02 ± 0.00B,c	0.02 ± 0.00C,c
	50	0.20 ± 0.03B,a	0.15 ± 0.01B,a	0.08 ± 0.00B,b	0.05 ± 0.01B,b	0.04 ± 0.01B,b
	60	0.62 ± 0.14A,a	0.40 ± 0.02A,ab	0.18 ± 0.02A,bc	0.11 ± 0.04A,c	0.08 ± 0.01A,c
n	44	0.79 ± 0.01	0.89 ± 0.11	1.09 ± 0.12	1.12 ± 0.05	1.07 ± 0.26
	47	0.76 ± 0.09b	0.75 ± 0.03b	0.98 ± 0.04ab	0.96 ± 0.02ab	1.11 ± 0.18ab
	50	0.69 ± 0.04b	0.70 ± 0.04b	0.95 ± 0.01a	0.94 ± 0.01a	0.88 ± 0.10a
	60	0.71 ± 0.02b	0.74 ± 0.09b	1.02 ± 0.11a	1.01 ± 0.13a	0.93 ± 0.04ab

SSC - teor de sólidos solúveis, *K* - coeficiente de consistência, *n* - índice de comportamento do fluxo. Médias dentro da mesma coluna (para o mesmo parâmetro reo lógico) com letras maiúsculas diferentes são significativamente diferentes a p < 0,05. As médias dentro da mesma linha com letras minúsculas diferentes são significativamente diferentes a p < 0,05. Todos os valores foram expressos como média ± desvio padrão (n = 3).

O coeficiente de consistência foi alterado pelo SSC e pela temperatura (p < 0,05). Além disso, apenas o índice de fluidez foi alterado pela temperatura (p < 0,05), exceto para a amostra de vinhaça com SSC = 44°Brix. Baixas temperaturas (T = 10 e 20°C) promoveram a formação de ligações de hidrogénio entre macromoléculas-macromoléculas e macromoléculas-água, portanto, o aumento não linear da tensão de cisalhamento em função da taxa de cisalhamento foi devido à quebra de unidades estruturais causadas por forças hidrodinâmicas geradas durante o corte [14-16]. Temperaturas elevadas, como T = 30, 40 e 50°C, promoveram a quebra de interacções fracas (ligações de hidrogénio) entre macromoléculas-macromoléculas e macromoléculas-água, obtendo-se um comportamento reológico típico de sistemas líquidos [14]. Para a mesma temperatura, o aumento do SSC conduziu a um aumento dos valores de tensão de cisalhamento causado por uma maior proporção de macromoléculas hidratadas e ligações de hidrogénio com os grupos hidroxilo dos solutos [17]. Anteriormente, Lozano *et al.* [1] reportaram o comportamento pseudoplástico em vinassas, e estes sistemas foram bem ajustados à equação de Hesrchel-Bulkley, reportando valores de *n* entre 1,01 e 1,10.

Tabela 2.2. Parâmetros de ajuste e *Ea* do modelo de Arrhenius para as massas de vinagre a diferentes taxas de cisalhamento

SSC (°Brix)	Shear rate (s^{-1})	τ_o (Pa)	E_a (kJ mol^{-1})	R^2
44	0.33	$3\ 10^{-9}$	37.71	0.984
	0.50	$1\ 10^{-8}$	35.62	0.980
	0.83	$6\ 10^{-8}$	32.69	0.988
	1.00	$1\ 10^{-7}$	31.36	0.989
47	0.33	$8\ 10^{-9}$	36.00	0.963
	0.50	$5\ 10^{-8}$	32.29	0.964
	0.83	$2\ 10^{-7}$	29.54	0.972
	1.00	$4\ 10^{-7}$	28.57	0.972
50	0.33	$2\ 10^{-8}$	36.39	0.858
	0.50	$4\ 10^{-8}$	35.18	0.881
	0.83	$2\ 10^{-7}$	32.34	0.894
	1.00	$3\ 10^{-7}$	31.51	0.897
60	0.33	$2\ 10^{-9}$	44.88	0.960
	0.50	$3\ 10^{-9}$	44.45	0.940
	0.83	$1\ 10^{-8}$	41.45	0.937
	1.00	$4\ 10^{-8}$	39.56	0.938

SSC - teor de sólidos solúveis, τ_o - parâmetro constante, E_a - energia de ativação, R^2 - coeficiente de determinação.

Para uma taxa de cisalhamento constante, a tensão de cisalhamento (τ) diminui exponencialmente com a temperatura e foi bem ajustada ao modelo de Arrhenius:

$$\tau = \tau_0 \exp\left(\frac{E_a}{RT}\right) \tag{2.2}$$

em que: τ_o é um parâmetro constante (Pa), *Ea* é a energia de ativação (kJ mol^{-1}), R é a constante universal dos gases (8,314 J $mol^{-1}\ K^{-1}$) e T é a temperatura absoluta (K) (Rao *et al.*, 1997).

Os parâmetros do modelo de Arrhenius da tensão de cisalhamento *vs.* temperatura são apresentados na Tabela 2.2. A energia de ativação indica a sensibilidade da tensão de corte às alterações de temperatura. Uma energia de ativação mais elevada significa que a tensão de corte é relativamente mais sensível à temperatura [18]. Para o mesmo SSC, é evidente que os valores da tensão de cisalhamento foram mais sensíveis às alterações de temperatura quando foram aplicadas taxas de cisalhamento baixas (Fig. 2.4 e Tabela 2.2). Este resultado sugere que a taxa de cisalhamento promoveu a rutura de interacções fracas, como as ligações de hidrogénio nas massas de vinagre. Taxas de cisalhamento elevadas, ou *seja,* 0,83 e 1,00 s^{-1}conduziram a pequenas diferenças nos valores da energia de ativação em vinassas com diferentes SSC (Tabela 2.2). Este resultado sugere a existência de um limite de taxa de cisalhamento, ultrapassando este limite, e os valores de tensão de cisalhamento são apenas influenciados por modificações de temperatura. A existência de um limite de taxa de cisalhamento é um resultado importante a ser utilizado no projeto de equipamentos industriais (ex. agitador, trocador de calor), e no projeto de transporte de vinhaça e capacidade da bomba [5].

Do mesmo modo, o coeficiente de consistência diminuiu exponencialmente com a temperatura e ajustou-se bem ao modelo de Arrhenius:

$$K = K_0 \exp\left(\frac{E_a}{RT}\right) \tag{2.3}$$

em que K_o é um parâmetro constante (Pa s^n).

Para as uvas com SSC entre 44 e 50°Brix, a energia de ativação manteve-se constante (Fig. 2.5, Tabela 2.3), indicando a mesma sensibilidade térmica para os sistemas. No entanto, para os vinhos com SSC = 60°Brix, o valor de E_a aumentou, indicando uma maior sensibilidade térmica do sistema. O SSC elevado (60°Brix) promoveu ligações de hidrogénio elevadas entre macromoléculas-macromoléculas e macromoléculas-água, resultando num aumento da consistência. Além disso, estas interacções foram mais sensíveis às alterações de temperatura. Foi relatado um comportamento semelhante em sistemas alimentares como o concentrado de tomate, o sumo de ananás, o sumo de groselha indiana clarificado com enzimas e os xaropes de cana-de-açúcar [5, 19-21], onde o coeficiente de consistência diminuiu com a temperatura, mas também aumentou com a SSC.

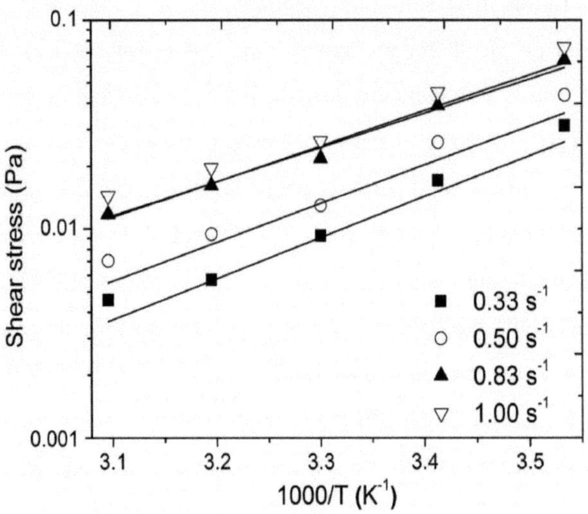

Fig. 2.4. Efeito da temperatura nos valores de tensão de cisalhamento da vinhaça (44°Brix) em diferentes taxas de cisalhamento (s^{-1}). As linhas contínuas são ajustes exponenciais ao modelo de Arrhenius.

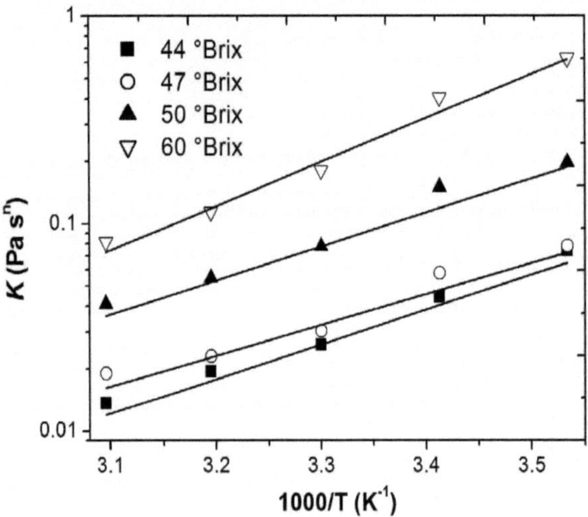

Fig. 2.5. Efeito da temperatura sobre o coeficiente de consistência (K) das vinassas. As linhas contínuas são ajustes exponenciais ao modelo de Arrhenius.

Tabela 2.3. Parâmetros de ajuste Ko e Ea do modelo de Arrhenius para as uvas
com diferentes teores de sólidos solúveis

SSC (°Brix)	K_0 (Pa s^n)	E_a (kJ mol^{-1})	R^2
44	$8\,10^{-8}$	32.09	0.992
47	$4\,10^{-7}$	28.57	0.969
50	$3\,10^{-7}$	31.49	0.980
60	$2\,10^{-8}$	40.70	0.984

SSC - teor de sólidos solúveis, K_o - parâmetro constante, E_a - energia de ativação,
R^2- coeficiente de determinação.

O efeito combinado da temperatura e do SSC no coeficiente de consistência das vinhas foi bem ajustado ao modelo exponencial:

$$K = A\exp\left(\tfrac{E_a}{\mathrm{RT}}\right)\mathrm{BX} \rightarrow \ln(K) = \beta_0 + \beta_1\left(\tfrac{1}{T}\right) + \beta_2 X \qquad (2.4)$$

em que: A (Pa s^n) e B ($^{\circ}Brix^{-1}$) são parâmetros constantes e X é o SSC (°Brix).

O coeficiente de consistência foi alterado por ambas as variáveis (T e X) (Fig. 2.6). Os parâmetros do modelo exponencial foram calculados por análise de mínimos quadrados, obtendo-se os seguintes valores: A = 2,12x10-10 Pa s^n, E_a = 33,22 kJ mol^{-1}e B = 1,13 ($^{\circ}Brix^{-1}$). O R^2 para o modelo expo nencial foi de 0,951. No presente estudo, a energia de ativação é mais elevada do que a relatada em sistemas alimentares ajustados ao mesmo modelo exponencial (Dak *et al.*, 2008a,b; Vélez e Barbosa, 1997).

O efeito da temperatura e da SSC no coeficiente de consistência é oposto, pois a temperatura provoca uma diminuição, enquanto a SSC provoca um aumento dos valores de K. Por conseguinte, as massas de vinagre mais concentradas requerem mais energia. Em contrapartida, o processo de vinificação a temperaturas mais elevadas exigiu menos energia no processo industrial de bombagem e mistura. Este comportamento já foi relatado anteriormente em sistemas alimentares, tais como leite concentrado, concentrado de tomate e sumo de ananás [5, 19, 22].

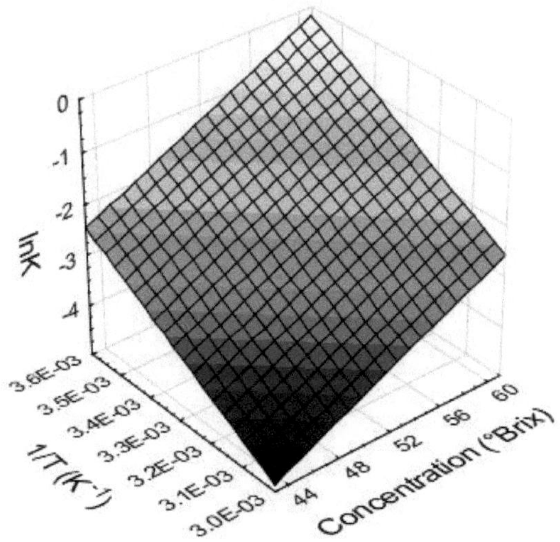

Fig. 2.6. Dependência de ln(K) em relação à temperatura (T) e à concentração (°Brix) em vinassas.

II.4. Conclusões

1. Os resultados experimentais mostram que as propriedades reológicas das vinassas são controladas pela temperatura no intervalo de 10 a 50°C e pelo teor de sólidos solúveis entre 44 e 60°Brix. As curvas de escoamento foram bem ajustadas ao modelo da lei de potência, obtendo-se valores de índice de comportamento de escoamento típicos de sistemas pseudoplásticos. O comportamento pseudoplástico altera-se com o aumento da temperatura.

2. O coeficiente de consistência mostrou uma ativação térmica de Arrhenius. O coeficiente de consistência diminuiu e aumentou com a temperatura e o teor de sólidos solúveis, respetivamente. Os resultados são consistentes com a interpretação de que o teor de sólidos solúveis aumenta a quantidade de forças intermoleculares dentro do sistema, aumentando desta forma a viscosidade da vinhaça. O efeito da temperatura sobre os valores de tensão de cisalhamento (fixando um valor de taxa de cisalhamento) também pode ser explicado através do modelo de Arrhenius.

3. A dependência do coeficiente de consistência em relação ao teor de sólidos solúveis e à temperatura foi bem descrita por um modelo exponencial com um valor de energia de ativação de 33,22 kJ mol^{-1} um valor que foi superior ao registado em sistemas alimentares. O presente estudo demonstra novas descobertas relacionadas com as propriedades reológicas das vinassas e poderá servir para futuras investigações na simulação e conceção de equipamentos industriais orientados para o tratamento de resíduos orgânicos.

III. Comportamento reológico dos xaropes com substitutos do açúcar
III.1. Introdução

As propriedades reológicas são consideradas importantes, não só na conceção de equipamentos de processamento de alimentos e sistemas de manuseamento, mas também no controlo de qualidade e avaliação sensorial dos alimentos [23]. As características do comportamento de fluxo de vários produtos alimentares, particularmente compotas, geleias, pastas para barrar e xaropes, que contêm níveis elevados ou moderados de açúcar e/ou quantidades muito pequenas de agentes gelificantes, têm sido amplamente estudadas por muitos investigadores [24-26]. Estes estudos indicaram que as propriedades reológicas e os atributos sensoriais do produto final foram afectados pela quantidade e tipo de agente de volume utilizado, e pela temperatura de processamento [26].

Os produtos alimentares de baixas calorias e baixas quantidades de açúcar estão a ser cada vez mais aceites pelos consumidores. Assim, os substitutos são de especial importância para os investigadores que se ocupam do desenvolvimento de tais produtos de baixas calorias e baixo teor de açúcar. A descoberta de um grande número de edulcorantes durante as últimas décadas também levou ao desenvolvimento de tais tipos de produtos, particularmente para os vigilantes do peso e para as pessoas com diabetes, que utilizam uma dieta especial, ou propensas à obesidade [26]. Um produto com açúcar reduzido pode ser adequadamente igualado em doçura utilizando um edulcorante intenso como o aspartame, a sacarina, etc. O desafio, no entanto, reside na forma de igualar as outras funções proporcionadas pelo açúcar. Atualmente, a maior preocupação é o efeito do açúcar nos diferentes aspectos do produto, incluindo as propriedades reológicas do produto acabado.

Foram efectuados estudos sobre o comportamento do fluxo de xaropes contendo polímeros solúveis em água, gomas e substitutos do açúcar, que são frequentemente utilizados para espessar soluções de açúcar e xarope. O comportamento do fluxo de substitutos de açúcar e gomas foi estudado e comparado com o de sistemas modelo baseados em açúcar [26]. Foram também estudadas as curvas de fluxo de xaropes de amido e glucose juntamente com uma variedade de modificadores como a pectina, o alginato e a goma de guar [27].

As propriedades organolépticas e a aceitabilidade dos alimentos de baixas e reduzidas calorias não foram estudadas em pormenor, com especial referência ao comportamento do produto acabado. Estas propriedades dependem do tipo e da quantidade de substituto do açúcar utilizado nas formulações. Um número limitado de investigações tem sido conduzido em relação aos atributos sensoriais dos produtos alimentares de calorias reduzidas [28, 29]. O objetivo do presente estudo é investigar o comportamento do fluxo de dispersões contendo substitutos de açúcar comummente utilizados, tais como sorbitol, polidextrose (PD) e misturas de PD e maltodextrina (MD) juntamente com aspartame adicionado, enquanto a solução de sacarose foi utilizada para comparação. Estes resultados podem ser úteis durante o desenvolvimento de produtos com baixo teor de açúcar ou de calorias reduzidas.

III.2. Materiais e métodos

A sacarose (açúcar de cana) com um teor de humidade de 6,4% foi adquirida no supermercado de Mysore, Índia. O concentrado de sorbitol (67,5% sólido) foi obtido da Maize Products, Ahmedabad, Índia. A polidextrose (Litesse II) com peso molecular entre 162 e 10 000 foi adquirida à Cultor Food Science, Xyrofin GmbH, Hamburgo, Alemanha. A maltodextrina, com um equivalente de 16% de dextrose, foi obtida da Sukhjit Starch and Chemicals Ltd, Phagwara, Punjab, Índia. O aspartame utilizado no estudo foi obtido da Ajinomoto Co., Inc., Tóquio, Japão.

III.2.1. Solução de sacarose e outras dispersões

Foram preparadas soluções de sacarose com concentrações de 35, 45, 55 e 65% de sólidos. O concentrado de sorbitol foi diluído com água destilada para obter soluções com as concentrações necessárias (35, 45, 55 e 65%). A polidextrose foi dispersa em água e aquecida a 85 °C durante 3-4 minutos para obter uma solução límpida. A mistura de polidextrose e maltodextrina (PD+MD) (1:1 base seca) foi preparada de forma semelhante. O aspartame foi adicionado aos xaropes de sorbitol, polidextrose e PD+MD a níveis de doçura equivalentes aos do açúcar (0,25 g/ 100 ml para o xarope de sorbitol e 0,7 g/100 ml para a polidextrose e PD+MD). Todas as soluções foram mantidas à temperatura ambiente (26±1 °C) durante 1 h antes da utilização.

III.2.2. Medições reológicas

Para as medições reológicas, foi utilizado um reómetro universal de tensão controlada (Modelo #SR5, Rheometric Scientific, New Jersey, EUA) com um cilindro coaxial com uma bobina rotativa de diâmetro externo de 28,8 mm e um copo estacionário de diâmetro interno de 30,0 mm.

Foi utilizado um volume fixo de amostras (30 ml), mantendo-se a temperatura de medição a 25, 40, 60 e 80 °C, utilizando um banho de água circulatório. Os xaropes de 35, 45, 55 e 65% de sólidos foram submetidos a taxas de cisalhamento crescentes de 10 a 100 s^{-1} em 100 s para obter 19 conjuntos de dados que incluem valores de taxa de cisalhamento, tensão de cisalhamento e viscosidade/viscosidade aparente. Todas as medições reológicas foram efectuadas em triplicado. O software fornecido pelo fabricante do equipamento foi utilizado para examinar a adequação dos modelos reológicos comuns e a viscosidade a uma taxa de cisalhamento de 25 s^{-1}. Os parâmetros do modelo de Herschel-Bulkley (Eq. 3.1), tais como a tensão de cedência, o índice de consistência e o índice de comportamento do fluxo, foram obtidos a partir de dados de tensão de corte versus taxa de corte. A extensão do ajuste aos modelos foi avaliada através da determinação do coeficiente de determinação (r^2) e da verificação da sua significância estatística a um nível de probabilidade (P) de 0,01.

$$\sigma = \sigma_0 + K\dot{\gamma}^n \tag{3.1}$$

em que σ é a tensão de cisalhamento, σ_0 é a tensão de cedência, K é o índice de consistência, $\dot{\gamma}$ é a taxa de cisalhamento, e n é o índice de comportamento do fluxo.

III.3. Resultados e discussão

O comportamento reológico dos xaropes foi estudado nas concentrações de 35 a 65% de sólidos a 25, 40, 60 e 80 °C. Os reogramas que compreendem a tensão de cisalhamento e a taxa de cisalhamento para diferentes amostras indicam um comportamento de diluição por cisalhamento não newtoniano, exceto para as soluções de sorbitol e sacarose. Entre os modelos de lei de potência e Herschel-Bulkley, o último foi mais adequado ($r^2>0,994$) para ajustar os dados de tensão de cisalhamento/taxa de cisalhamento. Foram efectuadas observações semelhantes com soluções de goma e verificou-se que as soluções de gomas do tipo pseudoplástico se tornavam mais finas à medida que a taxa de cisalhamento aumentava [26]. Os resultados da Tabela 3.1 mostram que a viscosidade aparente (η) aumentou com o aumento da concentração do xarope de 25 para 65% de sólidos, enquanto diminuiu acentuadamente com o aumento da temperatura.

A viscosidade aparente aumentou de 8,8 a 129 mPa-s para o açúcar, de 7,3 a 83,0 mPa-s para o sorbitol, de 4,75 a 287,5 mPa-s para o PD e de 12,8 a 248 mPa-s para os xaropes MD+PD na gama de concentrações de 35 a 65%. Foi registada uma tendência semelhante para a groselha preta e a manga

concentrados de sumo [30 31].

O índice de consistência aumenta acentuadamente com a concentração de sólidos, mas diminui com a temperatura (Fig. 3.1). Por exemplo, a 25 °C, o índice de consistência do xarope de polidextrose a 65% apresentou o valor máximo de 253,1 mPa-s-sn, seguido da mistura de xarope MD+PD com 226,4 mPa-s-s^n.

A tensão de cedência, que representa a tensão mínima necessária para iniciar o fluxo [32], variou de 199,4 a 85,2 mPa para as amostras de polidextrose e de 164 a 40,4 mPa para as misturas de MD+PD. Estes são os valores para toda a gama de temperaturas (25 a 80 °C) e concentrações (35 a 65 °C) (Fig. 3.2). A magnitude máxima do stress de rendimento foi observada para o xarope de polidextrose em comparação com os outros. Resultados semelhantes foram registados para os concentrados de manga [33].

Tabela 3.1 Viscosidade aparente (mPa-s) de soluções/dispersões, à taxa de cisalhamento de 25 s^{-1}

	Concentration (% solids)	Temperature			
		25 °C	40 °C	60 °C	80 °C
Sugar	35	8.80	7.51	6.41	6.12
	45	10.14	9.94	8.32	6.78
	55	23.98	19.01	14.67	9.51
	65	129.24	41.00	26.00	16.50
Sorbitol	35	7.32	6.45	6.09	5.40
	45	9.50	9.20	8.00	7.20
	55	20.90	15.90	10.50	10.00
	65	83.00	38.00	20.50	12.80
Polydextrose (PD)	35	14.75	11.90	9.93	9.46
	45	28.80	23.30	15.10	11.63
	55	92.66	68.54	37.43	31.00
	65	287.50	158.45	92.68	38.77
Maltodextrin +polydextrose (MD+PD)	35	12.80	10.10	9.30	8.31
	45	23.20	17.40	14.80	10.80
	55	70.80	43.20	31.53	22.10
	65	248.00	127.40	85.71	36.26

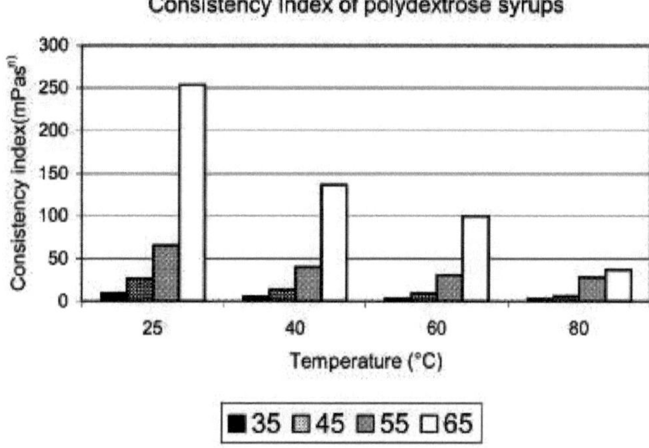

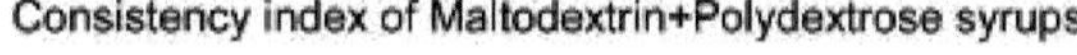

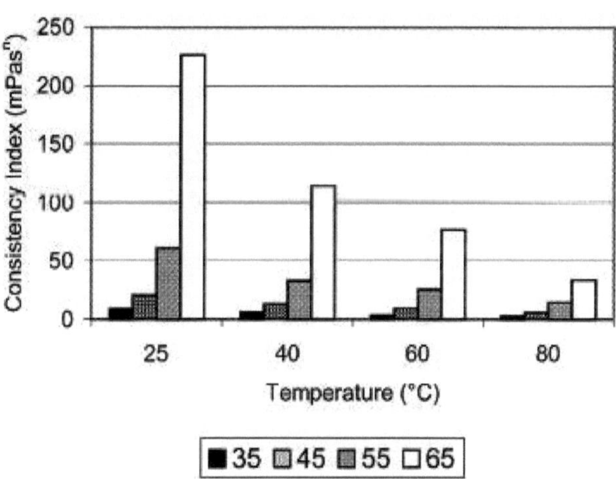

Fig. 3.1 Índice de consistência dos xaropes a diferentes temperaturas e concentrações

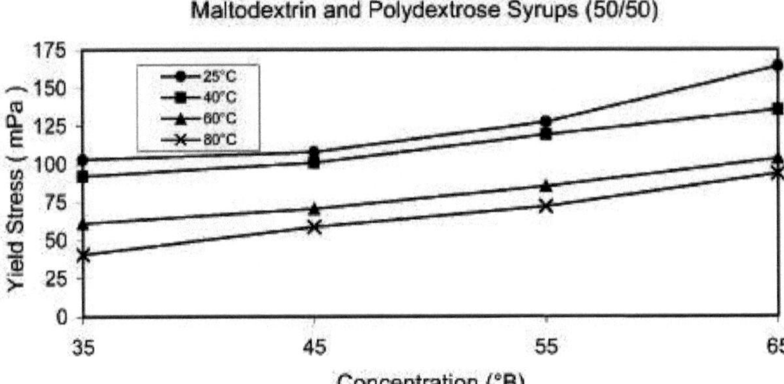

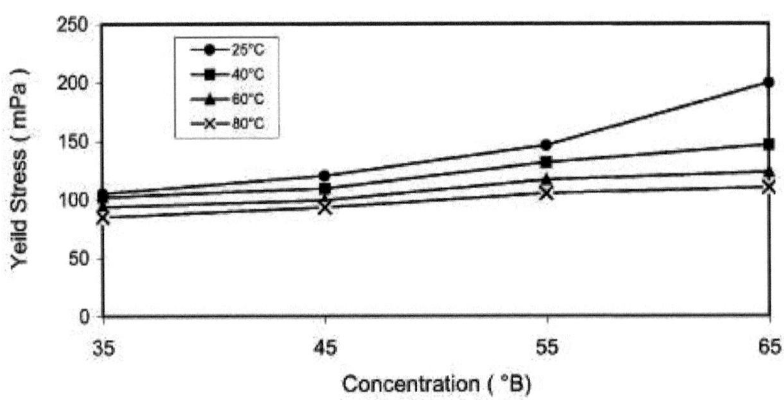

Fig. 3.2 Tensão de cedência de xaropes com substitutos de açúcar a diferentes temperaturas e concentrações

O índice de comportamento de fluxo (n) dos xaropes foi inferior a 1 (exceto para o açúcar e o sorbitol), o que indica a sua natureza pseudoplástica de diluição por cisalhamento (Fig. 3.3). Resultados semelhantes foram observados em estudos efectuados para molhos de salada [34]. Os valores de n diminuem acentuadamente quando a concentração de sólidos é aumentada, enquanto o efeito da temperatura é de natureza oposta.

O efeito da temperatura na viscosidade aparente dos xaropes pode ser explicado pela equação de Arrhenius para determinar a energia de ativação (Eq. 3.2).

$$\eta = \eta_0 e^{-(E_a/\mathrm{RT})} \tag{3.2}$$

em que η é a viscosidade aparente (a uma taxa de cisalhamento de 25 s^{-1}), η_0 é a constante de Arrhenius, Ea é a energia de ativação, R é a constante universal dos gases e T é a temperatura absoluta.

A equação de Arrhenius tem sido usada com sucesso para prever a dependência da temperatura de alimentos ricos em açúcar, tais como concentrados de sumo de tamarindo [35], sumo de banana clarificado [36] e méis processados [37]. As energias de ativação dos xaropes aumentaram com o aumento da concentração dos xaropes. Resultados semelhantes foram observados na groselha preta [30] e noutros sumos clarificados [38, 39].

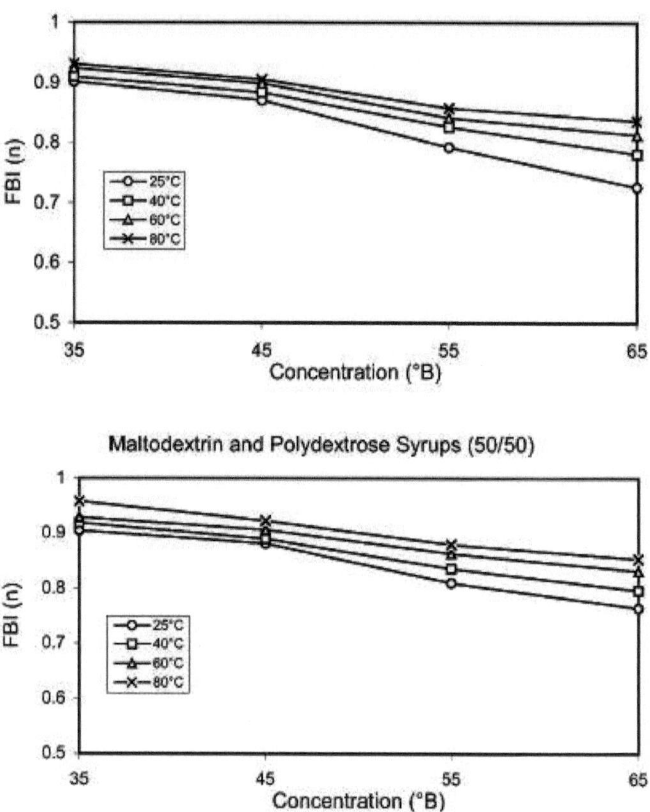

Fig. 3.3 Índice de comportamento do fluxo (FBI) de xaropes a diferentes temperaturas e concentrações

Em geral, o xarope de polidextrose a 65% apresentou uma energia de ativação mais elevada quando comparado com os outros xaropes a 35, 45, 55 e 65%. A energia de ativação foi marginalmente diferente entre os xaropes. A solução de açúcar com 55% de concentração sólida é frequentemente utilizada para a preparação de vários doces tradicionais indianos, tais como jamun, rasagolla, etc. A viscosidade de tal solução é de 14,7 mPa·s a 60 °C (Quadro 3.2). Para atingir a mesma viscosidade noutros sistemas, as concentrações de sólidos necessárias são 59% para o sorbitol, 44% para a polidextrose e 45% para o MD+PD (1:1, w/w). Estes resultados indicam que, para igualar a viscosidade da solução de açúcar, são necessários teores de sólidos ainda mais baixos (44-45%)

74

para os substitutos do açúcar, como o PD e o MD+PD, pelo que se torna um processo económico. Por outro lado, a necessidade de sorbitol é maior (59%) em comparação com o açúcar (55%) para atingir uma viscosidade de 14,7 mPa-s a 60 °C.

Tabela 3.2 Energias de ativação das amostras em diferentes concentrações

Sample no.	Type of syrup	Activation energy E_a (kJ/g/mole)
	Sugar	
1	35	5.88
2	45	6.58
3	55	14.32
4	65	30.09
	Sorbitol	
1	35	4.56
2	45	5.46
3	55	12.43
4	65	29.32
	Polydextrose (PD)	
1	35	7.15
2	45	14.94
3	55	18.45
4	65	30.90
	Maltodextrin+polydextrose (MD+PD)	
1	35	6.41
2	45	11.56
3	55	17.89
4	65	29.02

III.4. Conclusões

As soluções de açúcar e sorbitol comportam-se como fluidos newtonianos, enquanto todos os outros xaropes estudados exibiram um comportamento não newtoniano de diluição por cisalhamento com uma tensão de cedência. Os resultados indicaram que o comportamento de fluxo dos xaropes de polidextrose e da mistura de maltodextrina e polidextrose (MD+PD) pode ser bem representado pelo modelo de Herschel-Bulkley. A tensão de cedência, o índice de comportamento do fluxo e o índice de consistência dependeram tanto da temperatura como da concentração. A energia de ativação, calculada através da equação de Arrhenius, aumentou com o aumento da concentração de sólidos. O requisito de viscosidade específica em xaropes contendo PD ou misturas PD+MD semelhante ao da sacarose pode ser obtido com um teor de sólidos mais baixo em comparação com a sacarose, enquanto que nos substitutos é ligeiramente superior.

IV. Efeito dos substitutos do açúcar na reologia da massa de trigo
IV.1. Introdução

O açúcar é um dos alimentos mais consumidos e populares no mundo, incluindo na Roménia, onde, de acordo com o Instituto Nacional de Estatística, o consumo médio bruto em 2017 foi de cerca de 25,7 kg/capita. Nas últimas décadas, a procura de produtos de baixas calorias por parte dos consumidores aumentou, uma vez que foram registadas muitas doenças devido ao consumo excessivo de açúcar. Por esta razão, a indústria alimentar está a utilizar amplamente adoçantes não calóricos ou substitutos do açúcar em alimentos e bebidas.

O açúcar de mesa (sacarose) é considerado o padrão pelo sabor doce que oferece e é o edulcorante mais comum na indústria alimentar e também especialmente na indústria de panificação [40]. A sacarose, composta por glucose e frutose, tem uma doçura considerada igual a 4,1 e é o valor padrão utilizado para medir o poder adoçante de todos os edulcorantes. Para além do sabor que oferece aos produtos de pastelaria, o açúcar desempenha outras funções, tais como retardar a gelatinização do amido e a desnaturação das proteínas, conferir ao produto uma boa estrutura, textura e sabor e contribuir para o escurecimento da crosta por reação de Maillard [40 - 42]. Os substitutos do açúcar devem ser capazes de desempenhar as funções que a sacarose desempenha nos produtos de panificação.

Um edulcorante (substituto do açúcar) é qualquer substância natural ou sintética alternativa ao açúcar, que oferece um sabor doce aos alimentos e bebidas e permite controlar o consumo de calorias, hidratos de carbono ou açúcar. Os edulcorantes são aditivos alimentares que variam em termos de sabor, nível de doçura e estabilidade [40].

A estévia é uma erva com o nome científico Stevia Rebaudiana Bertoni, cujas folhas contêm glicosídeos de esteviol, os componentes doces destas (200 a 300 vezes mais doces do que a sacarose). Os glicosídeos de esteviol são extraídos das folhas com água quente e depois recristalizados numa solução hidroalcoólica.

São conhecidos mais de 30 glicosídeos de esteviol diferentes, mas os mais comuns são o esteviosídeo (fórmula química $C_{38}H_{60}O_{18}$) e o rebaudiosídeo A (fórmula química $C_{44}H_{70}O_{23}$), que representam aproximadamente 90 % de todos os glicosídeos doces da estévia [42 - 44]. Na União Europeia, os glicosídeos de esteviol foram aprovados com o símbolo E 960 para utilização na indústria alimentar como substituto da sacarose. A estévia é um edulcorante natural não nutritivo de alta intensidade e é utilizada em produtos lácteos, de panificação ou como edulcorante de mesa.

O eritritol é um álcool de açúcar de quatro carbonos ($C_4H_{10}O_4$) ou poliol com poder adoçante de cerca de 0,6-0,8 da sacarose e um valor calórico muito baixo de apenas 0,3 kcal-g^{-1}. O eritritol (E 968) encontra-se naturalmente nos frutos (uvas, pêras, melão), nos legumes, no mel e nas algas marinhas e é obtido por um processo de fermentação natural. É um ingrediente utilizado para substituir a sacarose em muitos produtos, como produtos de pastelaria (bolos, biscoitos, bolachas), bebidas sem calorias, produtos lácteos, chocolate e rebuçados [40 - 46]. Devido às suas características básicas, tais como doçura, estabilidade a altas temperaturas (os glicosídeos de esteviol são estáveis a altas temperaturas até 200° C), não redutores, adequados para diabéticos, amigos dos dentes, a estévia e o eritritol têm um interesse generalizado e crescente para os consumidores e para a indústria alimentar, que tem como objetivo reduzir a ingestão de açúcar e calorias naturalmente sem comprometer o sabor [42, 47, 48]. O eritritol não é um edulcorante intenso e não intervém nas reacções de escurecimento do tipo Maillard, a stevia pode oferecer doçura aos produtos cozinhados, mas não pode imitar ou substituir as funções do açúcar. Os edulcorantes são, por conseguinte, utilizados em mistura com outros edulcorantes ou agentes de volume (por exemplo, eritritol com maltitol, acessulfame ou aspartame, estévia com polidextrose), de modo a obter produtos de bom sabor e de calorias reduzidas semelhantes aos tradicionalmente obtidos [40, 46]. O eritritol pode ser misturado até com estévia para dar um sabor doce semelhante ao da sacarose [46, 49].

O açúcar e os seus substitutos influenciam as várias características reológicas da massa de trigo, consoante o nível e o tipo. O efeito de diferentes tipos de açúcares e substitutos de açúcares em vários níveis na massa de trigo foi examinado em numerosos estudos [50-55].

No artigo [16], as propriedades reológicas da massa de trigo foram examinadas com diferentes percentagens de extractos de estévia (0, 25, 50, 75 e 100 %) e verificou-se que os valores de absorção de água, tempo de desenvolvimento e tempo de chegada diminuíram em todas as amostras, mas o grau de amolecimento aumentou. No mesmo trabalho, verificou-se que a substituição da sacarose por extrato de estévia até 75% teve um impacto muito bom na qualidade física das bolachas (volume, peso, altura e cor). Um nível de adição de cerca de 7 % de eritritol em produtos cozinhados (bolos, biscoitos) melhora a estabilidade da cozedura e o prazo de validade. Também é possível reduzir o conteúdo calórico em mais de 30% sem alteração significativa na qualidade organoléptica do produto. Em comparação com a sacarose, o eritritol utilizado em produtos de panificação dá uma massa mais compacta, um produto macio e uma menor intensidade de cor [47].

As propriedades reológicas da massa descrevem o seu comportamento sob várias condições de processamento e o seu conhecimento é muito importante na seleção de matérias-primas adequadas.

O objetivo deste capítulo foi avaliar os efeitos de diferentes tipos e níveis de substitutos de açúcar (eritritol e estévia) nas características reológicas da massa de trigo branco.

IV.2.Materiais e métodos

Para as experiências foram utilizados dois tipos de edulcorantes, estévia e eritritol, adquiridos num mercado local em Bucareste, Roménia e farinha de trigo branca fornecida pelo Moinho Greci, Ilfov, Roménia. Os índices de qualidade da farinha de trigo são: teor de humidade 12,75 %, cinzas 0,46 %, índice de sedimentação 24 mL, glúten húmido 26 %, índice de deformação do glúten 2,5 mm e índice de número de queda 244 s. As amostras foram feitas a partir de farinha de trigo suplementada com estévia e eritritol em diferentes níveis: 0 % (amostra de controlo), 1 %, 2 %, 3 %, 4 % e 5 %.

Os efeitos da suplementação na reologia da massa de farinha de trigo foram estudados com o Farinógrafo Brabender-E com sistema de medição eletrónico, de acordo com a AACC n.º 54-21, ICC n.º 155/1, [56]. O aparelho farinógrafo está equipado com uma taça com capacidade para 300 g e a mistura da massa foi efectuada à velocidade normal de 63 rpm a 30 oC. Assim, a percentagem de edulcorantes foi calculada para 300 g de farinha de trigo. Considerando o valor de absorção de água da farinha como sendo constante, foi adicionada a mesma quantidade de água destilada a cada amostra. Os parâmetros reológicos da massa, como a absorção de água, o tempo de desenvolvimento da massa, a estabilidade da massa, o grau de amolecimento da massa e o número de qualidade do farinógrafo foram registados e calculados a partir dos farinogramas, como no exemplo da Figura 4.1.

A massa é apreciada pela sua consistência, que é uma propriedade reológica complexa, resultante do efeito combinado das propriedades básicas de viscosidade, plasticidade e elasticidade. A consistência da massa é convencionalmente quantificada por unidades Brabender ($1\ BU \approx 10^{-3}\ daN{\cdot}m$). Considera-se que a massa tem uma consistência normal quando a amassadura requer um momento máximo de 500 UN. A absorção de água é a percentagem de água na farinha da massa de consistência normal (500 UN). O tempo de desenvolvimento da massa é o tempo necessário para que esta se forme e atinja a consistência normal de 500 UN. O tempo de estabilidade é um indicador da força da massa e representa o período em que a massa mantém a sua consistência normal com a continuação do processo de mistura.

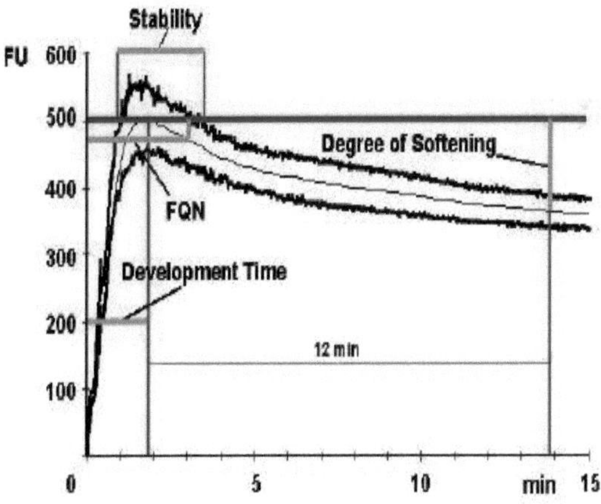

Fig. 4.1. Exemplo de uma curva farinográfica e de como a interpretar [18]

O grau de amolecimento da massa é uma medida da sua degradação e é expresso pela diferença entre a consistência padrão (500 BU) e a consistência que toca a curva após 12 minutos de mistura depois de atingir a consistência padrão. O Farinograph Quality Number (FQN) é um índice empírico de qualidade da farinha baseado numa função logarítmica que exprime uma combinação das características acima referidas através de um número entre 0-100. Se o valor deste número for mais elevado, a farinha é considerada mais forte. Por conseguinte, esta caraterística farinácea pode determinar a qualidade da farinha: farinha fraca ou farinha forte.

Para os parâmetros farinográficos, foi efectuada uma determinação para cada amostra. O tratamento dos dados experimentais foi efectuado utilizando o pacote de aplicações MS Office Excel.

IV.3. Resultados e discussão

Os dados dos parâmetros reológicos de todas as amostras de massa são apresentados na Tabela 4.1. A variação destes parâmetros é apresentada na Figura 4.2.

Tabela 4.1. Valores dos parâmetros reológicos

Samples	Water absorption [%] /Correction for 500 [BU]	Consistency [BU] (for water absorption of 58.3%)	Dough development time [min]	Dough Stability [min]	Degree of softening (10 min after test starting) [BU]	Farinograph Quality Number
Sweetener 0%	58.3	550	1.7	1.7	135	25
Stevia 1%	56.4	474	1.7	2.0	103	29
Stevia 2%	55.1	425	2	2.2	76	37
Stevia 3%	54.9	416	2	2.3	61	40
Stevia 4%	53.8	373	2	2.4	52	44
Stevia 5%	52.8	330	2.2	2.6	32	78
Erythritol 1%	57.5	521	1.7	1.6	121	25
Erythritol 2%	57.1	502	1.7	1.5	119	26
Erythritol 3%	55.0	418	1.9	2.1	72	34
Erythritol 4%	54.8	412	1.9	2.2	73	34
Erythritol 5%	54.2	388	2.2	2.6	57	43

Analisando os gráficos da Figura 4.2 pode-se observar que temos a maior correlação linear para absorção de água, consistência e grau de amolecimento, onde os valores para R^2 coeficiente de correlação são altos, $R^2 > 0.909$. Por outro lado, para a estabilidade da massa, o tempo de desenvolvimento da massa e o Número de Qualidade Farinográfico os valores do coeficiente de correlação são mais baixos, de R^2 coeficiente de correlação são mais baixos, de 0,604 a 0,864. Como os resultados mostram, a absorção de água (%) diminuiu, dependendo do aumento do nível de ambos os tipos de edulcorantes. A absorção de água variou entre 58,3 % (amostra de controlo) e 52,8 % para a amostra com 5 % de estévia e 54,2 % para a amostra com 5 % de eritritol. A absorção de água teve uma diminuição maior nas amostras adicionadas de estévia (cerca de 9,43%) em comparação com as amostras adicionadas de eritritol (cerca de 7,03%). Com o aumento do nível de edulcorante, a absorção de água foi reduzida em comparação com a amostra de controlo, o que significa que uma maior quantidade de edulcorante requer mais água para fazer com que a massa atinja a consistência padrão (500 UN). Sabe-se que durante o processo de amassamento as proteínas são hidratadas para formar o glúten. Assim, o principal componente responsável pela absorção de água da farinha de trigo é o glúten. A diminuição da absorção de água pode ser explicada pelo facto de o conteúdo proteico e os hidratos de carbono complexos serem reduzidos com o aumento do nível de edulcorantes. Resultados semelhantes foram observados no artigo [55], onde foram utilizados extractos de stevia (esteviosídeo). Na Figura 4.3 são apresentadas as curvas farinográficas obtidas a partir de determinações experimentais.

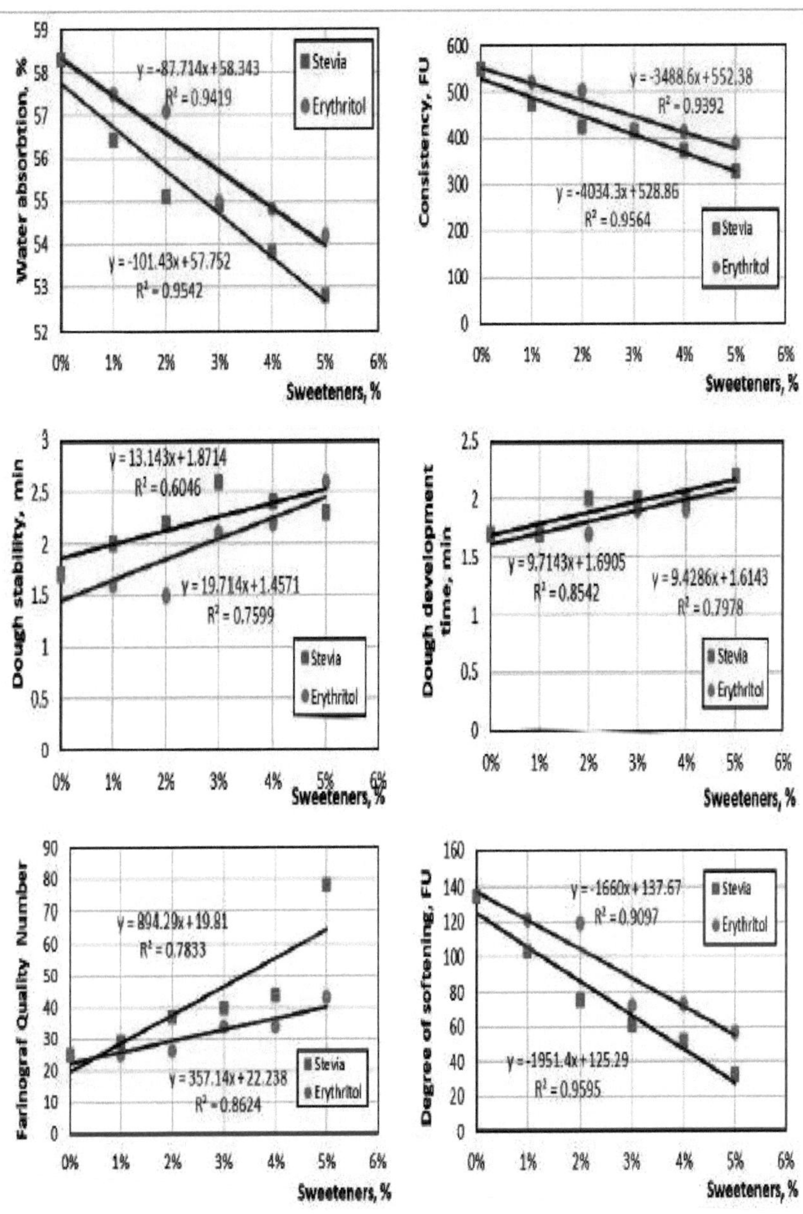

Fig. 4.2. Variação dos parâmetros farinográficos com o nível e o tipo de edulcorantes

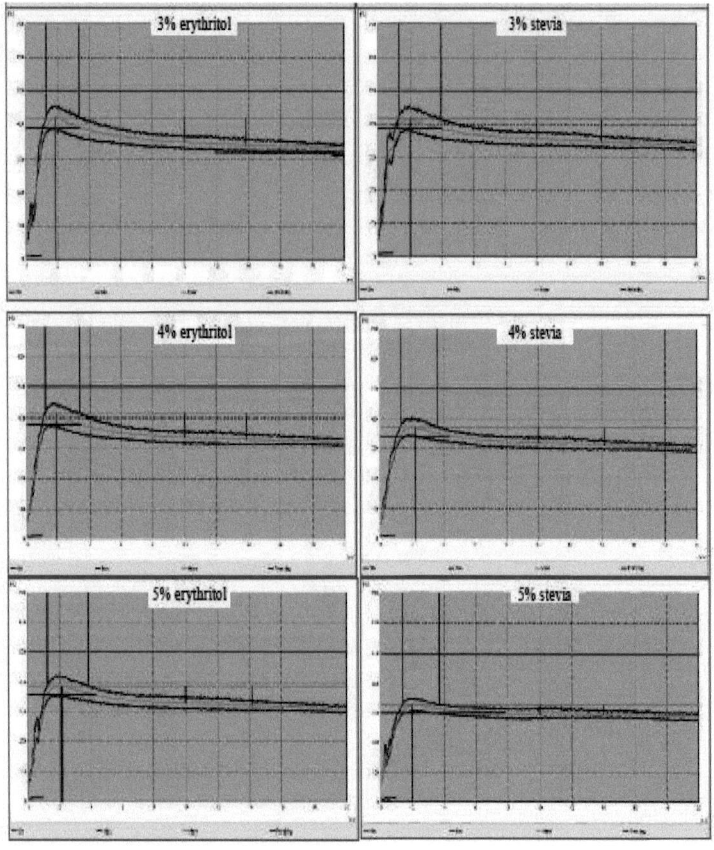

3% erythritol
3% stevia
4% erythritol
4% stevia
5% erythritol
5% stevia

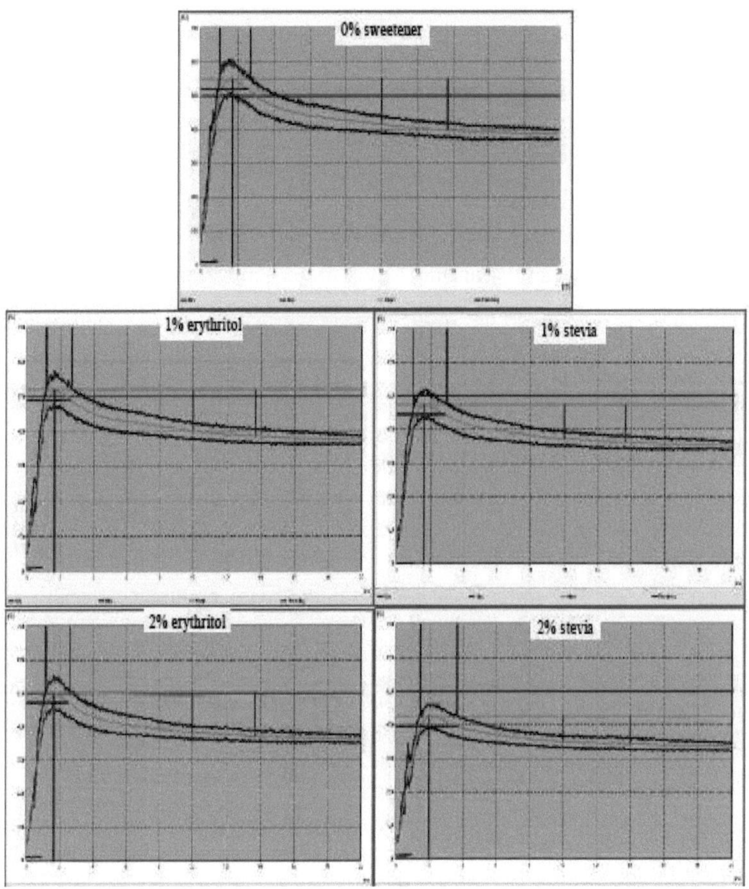

Fig. 4.3. Curvas farinográficas obtidas a partir de determinações experimentais

O valor da consistência da massa (CC) está correlacionado com a quantidade de água adicionada. Na amostra de controlo com 0 % de edulcorante adicionado, a consistência teve um valor máximo de 550 UN, com a menção de que a quantidade de água adicionada estava abaixo da capacidade de hidratação da farinha (ver Figura 4.3 e Tabela 4.1). A diminuição da consistência da massa com a adição de eritritol foi menor do que no caso da adição de stevia. Como se pode ver na Figura 4.2, a curva máxima é mais pronunciada nas amostras com eritritol, com decréscimos menores do que nas amostras que contêm estévia. No máximo de 5 % de adição de estévia, a massa tem uma consistência mais baixa (330 UN) do que na amostra com 5 % de adição de eritritol (388 UN). Os valores de consistência mais próximos foram observados na adição de 3 % de estévia e eritritol: 416 UN e 418 UN, respetivamente.

O tempo de desenvolvimento da massa foi de 1,7 minutos para a amostra de controlo e tem uma ligeira tendência para aumentar com o aumento da percentagem de edulcorante, variando em limites muito apertados até ao máximo de 2,2 minutos para a adição de 5% de estévia e eritritol. Assim, pode dizer-se que não é necessário mais tempo para o glúten se desenvolver na presença dos dois tipos de edulcorantes do que sem eles.

A estabilidade da massa aumentou de 1,7 minutos para 2,6 minutos para ambos os edulcorantes adicionados a 5 %. Observa-se uma ligeira variação na diminuição dos valores de estabilidade para as amostras com a adição de 1 e 2% de eritritol (1,6 e 1,5 minutos). A adição de eritritol aumenta a estabilidade da massa em 2,1, 2,2 e 2,6 minutos para as amostras com 3 %, 4 % e 5 % de adição.

O grau de amolecimento diminuiu com o aumento do nível de edulcorantes. As amostras que contêm estévia têm valores mais baixos (de 103 a 32 UN) do que as amostras que contêm eritritol (de 121 a 57 UN). Resultados semelhantes foram observados no artigo [50], onde o grau de amolecimento diminuiu quando uma percentagem de até 5% de mel em pó foi adicionada à massa, mas aumentou quando o mel em pó adicionado foi superior a 5%. Assim, é possível que uma maior quantidade de adoçante na massa possa enfraquecer a sua estrutura, o que causaria a colagem da massa durante a amassadura e encurtaria o tempo de fermentação.

O número de qualidade do Farinógrafo tinha um valor de 25 para a amostra de controlo. Este valor aumentou para 78, com o aumento do nível de stevia, e para 43 com o aumento do eritritol. Podemos dizer que a força da farinha aumentou com o nível de edulcorante e ainda mais, nas amostras onde foi adicionada estévia os valores foram mais altos em relação aos anteriores [55-57].

IV.4. Conclusões

Os dados obtidos podem indicar que a adição de substitutos do açúcar à farinha de trigo afecta as propriedades reológicas da massa. Os substitutos do açúcar influenciaram as várias características reológicas da massa de trigo, dependendo do nível e do tipo. Do acima mencionado, verificou-se que os edulcorantes examinados, estévia e eritritol, tiveram um impacto diferente na reologia da massa. A adição de ambos os edulcorantes, estévia e eritritol, reduz a consistência da massa e a absorção de água. Além disso, o tempo de desenvolvimento da massa e a estabilidade da massa aumentam ligeiramente com o aumento do nível de estévia e eritritol, enquanto o número de qualidade do farinógrafo aumenta significativamente, especialmente no caso das amostras de eritritol.

Conhecer as funções e as reacções dos substitutos do açúcar na massa é muito importante para determinar quando reduzi-lo ou retirá-lo dos produtos de pastelaria.

Referência

1. Lozano D.C., Velásquez M.M.V., Cantú N.A.V., Mauro M.A., Bianchi V.L., e Romero J.T., 2010. Comportamento reológico de vinhas de uma fábrica mexicana de bioetanol. Proc. Int. Soc. Sugar Cane Technol., 27, 1-7.

2. Santos J.D., Silva A.L.L., Costa J.L., Scheidt G.N., Novak A.C., Sidney E.B., e Soccol C.R., 2013. Desenvolvimento de uma solução nutritiva de vinhaça para hidroponia. J. Environ. Manag., 114, 8-12.

3. Gamboa E.E., Cortes J.M., Perez L.B., Maldonado J.D., Zarate G.H., e Gaviria L.A., 2011. Vinassas: caraterização e tratamentos. Waste Manag. Res., 29, 1235-1250.

4. Prasad K.R., Kumar R.R., e Srivastava S.N., 2008. Conceção de experiências de superfície de resposta óptima para a electro-coagulação da lavagem gasta da destilaria. Water Air Soil Poll, 191, 5-13.

5. Dak M., Verma R.C., e Jaaffrey S.N.A., 2008a. Propriedades reológicas do concentrado de tomate. Int. J. Food Prop., 4, 1-19.

6. Pérez L.B., Bezzon G., Gómez E.O., e Cortez L.A.B., 2000. Utilização de um viscosímetro rotativo de bancada para estudar a influência da temperatura e da velocidade de agitação na viscosidade da vinhaça. Braz. J. Chem Ing., 17, 133-141.

7. Association of Official Analytical Chemists (AOAC), 1990a. Número do método: 920.39: Step Official Methods of Analysis, Arlington, VI, EUA.

8. Association of Official Analytical Chemists (AOAC), 1990b. Número do método: 934.01: Step Official Methods of Analysis, Arlington, VI, EUA.

9. Association of Official Analytical Chemists (AOAC), 1990c. Número do método: 942.05: Step Official Methods of Analysis, Arlington, VI, EUA.

10. Kjeldahl J.Z., 1883. Novo método para a determinação do azoto em corpos orgânicos. Z. Anal. Chem., 22, 366-382.

11. Cortez L.A.B. e Pérez L.E.B., 1997. Experiências sobre a disposição da vinhaça parte III: Combustão de emulsões de óleo combustível vinhaça-# 6. Braz. J. Chem. Eng., 14, ISSN: 0104-6632.

12. Ahmed O., Sulieman A.B.E., e Elhardallou S.B., 2013. Características físico-químicas, químicas e microbiológicas da vinhaça, um subproduto da indústria do etanol. Am. J. Biochem., 3, 80-83.

13. Juszczak L., Witczak M., Zięba T., e Fortuna T., 2012. Comportamento reológico de dispersões aquecidas de amido de batata. Int. Agroph., 26, 381-386.

14. Grigelmo N.M., Ibarz-Ribas A., e Martín-Belloso M., 1999. Rheology of peach dietary fibre suspensions (Reologia de suspensões de fibra alimentar de pêssego). J. Food Eng., 39, 91-99.

15. Nurul M.I., Azemi B.M.N., e Manan D.M.A., 1999. Rheological behaviour of sago (*Metroxylon sagu*) starch paste. Food Chem, 64, 501-505.

16. Valencia G.A, Henao A.C.A., e Zapata R.A.V., 2013. Efeito da concentração de glicerol e da temperatura nas propriedades reológicas de soluções de amido de mandioca. J. Polym. Eng., 33, 141-148.

17. Manjuantha S.S., Raju P.S., e Bawa A.S., 2012. Comportamento reológico do sumo de groselha indiana clarificado com enzimas. Int. Agrophys, 26, 145-151.

18. Quek M.C., Chin N.L., e Yusof Y.A., 2013. Modelação do comportamento reológico dos concentrados de sumo de graviola utilizando a sobreposição da taxa de cisalhamento-temperatura-concentração. J. Food Eng., 118, 380-386.

19. Dak M., Verma R.C., e Jain M.K., 2008b. Parâmetros reológicos do sumo de ananás. In.t J. Food Prop., 4, 1-19.

20. Mechetti M., López A.R.G., e Balella A., 2011. Propiedades reológicas de melados de caña de azucar. Investigación Desarrollo, 33, 1-8.

21. Manjuantha S.S., Raju P.S., e Bawa A.S., 2012. Comportamento reológico do sumo de groselha indiana clarificado com enzimas. Int. Agrophys, 26, 145-151.

22. Vélez J.F. e Barbosa G.V., 1997. Efeito da concentração e da temperatura na reologia do leite concentrado. ASAE, 40, 1113-1117.

23. Saravacos GD (1970) J Food Sci 35:122-125

24. Collins JL, Dincer B (1973) J Food Sci 38:489-492

25. Chirife J, Bruera MP (1997) J Food Eng 33:221-226

26. Ozdemir M, Sadikoglu H (1998) Int J Food Sci Tech 33:439-444

27. Savage RM (2000) Food Hydrocolloids 14:209-215

28. Hyvonen L, Torma R (1983) J Food Sci 48:183-185

29. Gerdes DL, Burns EE, Harrow LS (1987) Lebensm WissTechnol 20:282-286

30. Ibarz A, Pagan J, Miguelsanz R (1992) J Food Eng 15:63-73

31. Gunjal BB, Waghmare NJ (1987) J Food Sci Technol India24:20-23

32. Holdsworth SD (1971) J Texture Stud 2:393-418

33. Rao MA, Cooley HJ (1983) J Food Process Eng 6:159-173

34. Parades MDC, Rao MA, Bourne MC (1989) J Texture Stud20:235-240

35. Monohar B, Ramakrishna P, Udayashankar K (1991) J FoodEng 10:241-258

36. Bhandari B, D'Arcy B, Chow S (1999) J Food Eng 41:65-86

37. Mossel B, Bhandar B, D'Arcy B, Caffin A (2000). LebensmWiss Technol 35:545-552

38. Rao MA, Cooley HJ, Vitali AA (1984) Food Technol 38:113-119

39. Khalil KE, Ramakrishna P, Nanjundaswamy AM, PatwardhanMV (1989) J Food Eng 10:231-240

40. Varzakas, Th., Labropoulos, A., Anestis S.: Sweeteners: nutritional aspects, applications, and production technology, CRC Press Taylor & Francis Group, 2012;

41. Busken, D.: The many roles of sugars in baking, Cereal Food World, 2007, 52 (4), 205-206;

42. Grembecka, M.: Adoçantes naturais numa dieta humana - artigo de revisão, Roczniki Państwowego Zakładu Higieny, 2015, 66 (3), 195-202;

43. Carocho, Má., Morales, P., Ferreira, I.C.F.R.: Os edulcorantes como aditivos alimentares no século XXI: A review of what is known, and what is to come, in: Food and Chemical Toxicology (Editor: Domingo, J.L.), Elsevier, 2017, 302-317;

44. Gandhi, S., Gat, Y., Arya, S., Kumar, V., Panghal, A., Kumar, A: Adoçantes naturais: benefícios da estévia para a saúde, Foods and Raw Materials, 2018, 6 (2), 392-402;

45. Goossens, J., Roper, H.: Erythritol: a new sweetener, Food Science Technology Today, 1994,144-149;

46. Chattopadhyay, S., Raychaudhuri, U., Chakraborty, R.: Artificial sweeteners - a review, Journalof Food Science and Technology, 2014, 611-621;

47. Cock, P.: Erythritol in: Sweeteners and sugar alternatives in food technology, 2nd Edition (Editors:O`Donnell K., Kearsley M.), Wiley-Blackwell Publishing, John Wiley & Sons Publishers, 2012,215-240;

48. Lin, S-D., Lee, C-C., Mau, J-L., Lin, L-Y., Chiou, S-Y: Effect of erythritol on quality characteristics of reduced-calorie Danish cookies, Journal of Food Quality, 2010, 33, 14-26;

49. BeMiller, J.N.: Carbohydrate and Noncarbohydrate Sweeteners in: Carbohydrate Chemistry for Food Scientists, Third Edition (Editor: BeMiller J.N.), AACC International Press, 2018, 371-399;

50. Qunyi, T., Xiaoyu, Z., Fang, W., Jingjing, T., Pinping, Z., Jing, Z.: Effect of honey powder on dough rheology and bread quality (Efeito do mel em pó na reologia da massa e na qualidade do pão), Food Research International, 2010, 43 (9), 2284-2288;

51. Savitha, Y.S., Indrani, D., Prakash, J.: Effect of replacement of sugar with sucralose and maltodextrin on rheological characteristics of wheat flour dough and quality of soft dough biscuits, Journal of Texture Studies, 2008, 39, 605-616;

52. Babajide, J.M., Adeboye, A.S., Shittu, T.A.: Effect of honey substitute for sugar on rheological properties of dough and some physical properties of cassava-wheat bread, International FoodResearch Journal, 2014, 21 (5), 1869-1875;

53. Manohar, R.S., Rao, P.H.: Effect of Sugars on the Rheological Characteristics of Biscuit Doughand Quality of Biscuits, Journal of the Science of Food and Agriculture, 1997, 75 (3), 383-390;

54. Shariati, M. A., Majeed, M., Mahmood, M.A., Khan, M.U., Fazel, M., Pigorev, I.: Efeito do sorbitol na reologia da massa e na qualidade dos biscoitos substituídos por açúcar, Potravinarstvo Slovak Journalof Food Sciences, 2018, 12 (1), 50-56;

55. Hemada, H.M., Shehata, A.E-A.N., Mohamed, E.F., Elmagied, S.F.A.: O Impacto do Extrato Natural de Stevia (Stevioside) como Substituto de Sacarose

nas Características de Qualidade de Produtos Alimentares Seleccionados, Middle East Journal of Applied Sciences, 2016, 6 (1), 40-50;

56. Method AACC 54-21.01, Farinograph Method for Flour, Methods of the American Association of Cereal Chemists, 10th Edition, 2000, St. Paul, MN;

57. Voicu, Gh., Tudosie, E.M., David, M.F., Paraschiv, G., Constantin, Gh: Comparative

investigação experimental sobre o comportamento de mistura de farinhas de trigo, Modelação e otimização no domínio da construção de máquinas, Academia Romena de Ciências Técnicas, Alma Mater Publishing, 2009, 15 (3), 91-96.

yes
I want morebooks!

Buy your books fast and straightforward online - at one of world's fastest growing online book stores! Environmentally sound due to Print-on-Demand technologies.

Buy your books online at
www.morebooks.shop

Compre os seus livros mais rápido e diretamente na internet, em uma das livrarias on-line com o maior crescimento no mundo! Produção que protege o meio ambiente através das tecnologias de impressão sob demanda.

Compre os seus livros on-line em
www.morebooks.shop

Printed by Books on Demand GmbH, Norderstedt / Germany